阅读成就思想……

Read to Achieve

细节设计之美

一本书学会神经设计

［英］达伦·布里杰（Darren Bridger）＿著

王丽莹＿译

Neuro Design

Neuromarketing Insights to Boost Engagement and Profitability

中国人民大学出版社

·北京·

图书在版编目（CIP）数据

细节设计之美：一本书学会神经设计 /（英）达伦
·布里杰（Darren Bridger）著；王丽莹译. -- 北京：
中国人民大学出版社，2021.1
ISBN 978-7-300-28786-7

Ⅰ．①细… Ⅱ．①达… ②王… Ⅲ．①神经科学－美
学－研究 Ⅳ．①Q189-05

中国版本图书馆CIP数据核字(2020)第228238号

细节设计之美：一本书学会神经设计

[英]达伦·布里杰　著

王丽莹　译

Xijie Sheji zhi Mei：Yi Ben Shu Xuehui Shenjing Sheji

出版发行	中国人民大学出版社		
社　　址	北京中关村大街 31 号	**邮政编码**	100080
电　　话	010-62511242（总编室）		010-62511770（质管部）
	010-82501766（邮购部）		010-62514148（门市部）
	010-62515195（发行公司）		010-62515275（盗版举报）
网　　址	http://www.crup.com.cn		
经　　销	新华书店		
印　　刷	天津中印联印务有限公司		
规　　格	170mm×230mm　16 开本	**版　次**	2021 年 1 月第 1 版
印　　张	15.25　插页 1	**印　次**	2021 年 1 月第 1 次印刷
字　　数	190 000	**定　价**	65.00 元

目录

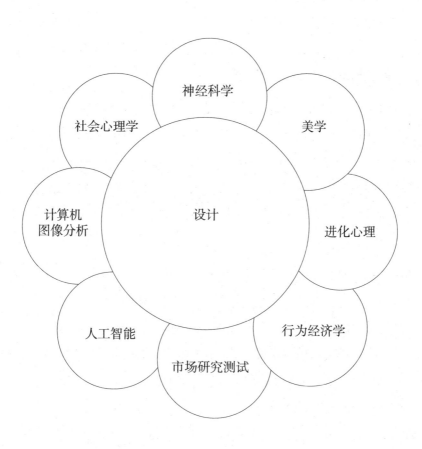

对未来设计的推测性探索

下面讲述的是一个想象中的未来场景，它距离我们并不算太遥远。

丹尼斯·德里特（Dennis Drite）坐在办公桌前开始了新的一天。丹尼斯是一位神经设计师，负责网站、广告与包装设计。他打开电脑，登录到当前的设计项目：一个零售网站。设计完成后，他使用预测性神经测验（predictive neuro test，PNT）软件对设计产品进行检测。PNT 软件能够检查网站设计，并预测用户可能的反应。注意力测试得到了肯定的结果，这证明设计的图片和文字可以很好地吸引用户的注意力。接下来，PNT 测试了设计的流畅度，即用户认为网站是否容易理解。测试结果显示网站在流畅度方面还有一些小问题，PNT 提出了有关建议，以简化设计使网站内容更容易被理解。

接下来，PNT 扫描了网站设计中的面孔图像，并测量了面部表情的情绪水平与类型。这个反馈信息很有用，因为丹尼斯希望面孔能够在情绪方面具有高吸引力，这样能够让用户产生相同的情绪。然而，其中一张面孔有一个小问题：虽然这张面孔很美，但是 PNT 认为用户会觉得它有些乏味。PNT 对面孔的形状和位置进行了微调之后，这张面孔变得更有魅力了。丹尼斯接受了 PNT 所做的调整并赞许地笑了。

最后，PNT 进行了第一印象测试。丹尼斯从研究中了解到，跟与人初次见面一样，网站的第一个页面很大程度上决定了我们是喜欢这个网站并开始浏览，还是几秒之内就会离开。只有少数设计属性对形成强有力的第一印象起关键的作用。PNT 软件检测了这些特性并在整体布局和配色方案上提出了微调建议。这些调整在几秒内就可以完成，可能会给网站增加成百上千的用户，使他们在页面上停留更久并购买更多的商品。

丹尼斯浏览了重新设计的网页。他还可以做很多其他测试，但以上提到的测试是最重要的。经过调整以后的最终设计主要还是由丹尼斯创造的，神经软件只是对其进行了改善和提高。

许多年来，人们一直在讨论电脑是否可以取代人类设计者和艺术家。然而，丹尼斯认为他自己更像是一级方程式赛车手：是人类技巧（他的创新设计直觉）和精心训练的先进机器（神经设计软件）的结合体。的确，他的墙上挂了一张海报，上面引用了史蒂夫·乔布斯的一句话："电脑就像是思维 / 大脑的自行车。"

正如自行车提升了双腿的力量，神经软件提升了丹尼斯的创造力。丹尼斯的设计直觉与电脑分析的反馈结合并形成了一个强大的组合，即强化的直觉。

然而，直觉、理论与电脑模型对丹尼斯的帮助极为有限。他想用真正的人类用户来测试软件的预测是否准确。他点击了软件上的一个按钮，PNT 就向随机选择的网站用户发出了以下邀请：

> 您好，这个新的网站处于测试阶段。我们想要知道用户的反应。如果您不介意的话，我们希望能够使用您的网络摄像头来跟踪您的注视点和对网站的反应。我们会严格保护数据的安全性和隐私性。为感谢您的参与，我们会支付给您一美元的酬金。

用户点击"同意"以后，PNT 将会对网络摄像头记录的面部录像进行分析，并提取用户的反应。PNT 会追踪用户的眼睛，以得到他们每时每刻在屏幕上注视的位置；通过监控用户的面部肌肉活动，PNT 可以探测面部表情的细微变化，这些变化通常会反映出用户对网页的情绪反应；PNT 软件还能监测用户的心率，将用户面部皮肤颜色微小的变化进行放大（否则人眼将无法察觉）。

在最早的网页设计过程中，设计者和研究者就已经使用过 A/B 测试：将不同版本的设计呈现给不同用户，并记录哪一组使用者在网页上停留的时间更长，或哪一组用户购买产品的可能性更大。这样就能推断出不同设计对不同用户的影响。

A/B 测试虽然有用，但是它对设计师的作用非常有限。对比来看，神经设计能够在设计者还未开始设计网站之前，就让他们理解并预测哪种设计方案可能会更有效。

什么是神经设计

以上对未来设计的推测性探索（speculative foray）是我对于神经设计（的潜力）的憧憬。这个故事看起来像是科幻小说，但是其场景内的所有概念都来自真实的神经科学研究，比如人类如何观看设计，以及哪些元素能让设计更有效。这些新概念还没有渗透到所有的设计专业的课程设置中，但是在不远的将来，它们可能会成为设计师的常用工具。已经有很多设计机构采用了这些神经设计的概念，或者至少已经意识到了它们的重要性。

我在故事里描述的软件目前已经存在，但是与未来相比，这种软件目前并没有那么先进，尚未被广泛使用。不过，这款软件对于神经设计过程并不是至关重要的，它仅仅是将神经设计自动化的一种方式。

神经设计是指用神经科学和心理学知识指导创造更有效的设计。心理学和神经科学到底能在多大程度上回答以下这些问题呢？即什么因素决定我们在实体商店和网上购物时的注视点、鼠标点击方位以及消费决策？什么因素使我们在社交网络上分享图片？又是什么样的图片线索会促使消费者决定购买商品？神经设计还利用相关领域的知识来理解用户对设计的特定反应——这些领域包括电脑图像分析（电脑对图像组成进行分析，甚至能识别图像的内容）、行为经济学（研究人类如何在消费方面做决策——消费者在消费时通常是不理智的）以及进化心理学（心理学分支，通过分析进化后的行为如何帮助人类祖先存活，来解释当前的人类行为）。

设计师首先用直觉进行创作，接着反观自己的创作来评判作品是否"合理／正确"，然后做出相应的调整。同时，设计师还会使用一系列原则辅助设计过程，这些原则通常是基于多年来业内设计师的共识。神经设计则在这些原则的基础上锦上添花。神经科学和心理学研究近几十年积累的结果，揭示了影响设计偏好的相关因素。此类研究在近些年得到迅速发展，甚至开辟了一个专业领域——神经美学，研究使人类大脑对图片产生积极反应的因素。

过去几十年里，我与不同领域的人才有过很多合作，包括神经科学家、心理学家、市场营销人员以及设计师，我们一起探究影响设计有效性因素。我们合作的成果接着被用于帮助各类公司——网站设计机构、餐饮公司、汽车公司以及电影工作室，改善设计产品。这类工作不仅仅限于理论上的指导，我也用过新一代的神经科学研究工具捕捉人们对图片和视频的反应，这样一来，我就不再需要传统的有局限性的技术了，比如邀请用户在 1 到 10 的量表上对某种产品进行评分（第 11 章还会对这些新型研究工具进行详细说明）。

你可能对神经科学的概念已经有了一定的了解。关于这个概念的零散观点和评论不时会出现在博客、杂志和书本中，因而第一眼看上去这个学科可能会让人感到困惑：一系列零散的建议并不能对设计进行统一的指导。可能很多人都还不了解这些概念。本书的目的就是要向读者展示这些分散的概念如何构成一个框架。这个框架将帮助我们从另一个角度来看待设计。

然而，在开始详细描述这个框架之前，我们需要首先考虑为什么神经科学和心理学对于艺术和设计创作如此重要。

全球心理实验

从某种意义上来说，互联网就像一个迄今为止规模最大的心理学实验。它也像一个心理学交易市场，每天都有数百万的设计作品、照片和图片被用户上传，并得到上百万的行为反应：鼠标点击。大学校园里典型的心理学或神经科学实验通常只有 20 多个被试，而且整个研究成果要经过几个月甚至更长时间才能被发表。相比之下，互联网的工作和运转极其迅速，时时刻刻都在进行着全球性的实时测验。类似于社交媒体"趋势"表的一些指标测量了全球网民的心理脉冲（psychological pulse），反映了全球范围内人们的想法、感受和欲望。

互联网展平了图片创作者和观众之间的关系。如今的观众可以表达自己的意见。在过去，观众只能沉默地欣赏设计师和艺术家创作的图像，有时是前往美术馆，有时是通过翻阅杂志。然而，正如本书之后会讲到的，大部分观众给出的反馈都是无意识的，而不是有意识的。

互联网也让我们对人类思维有了新的认识。以用户生成内容（user generated content）为例来说，几十年之前，很少有权威人士能够预测上百万人会如此狂热地免费发布大量用户生成内容。即使是像比尔·盖茨这样的专家，在 20 世纪 90 年代中期，也只是想象互联网可能会发展成多频道电视，互动行为仅限于观众能够点击并购买电视剧中女演员穿的某件裙子。这是一个自上而下的模型：大型组织为群众提供消费内容。大部分专家没有预料到，通过业余狂热者的自愿付出，一个完整的百科全书可以通过众包免费建立起来。现在，人们都视维基百科的存在为理所当然的。

很大程度上来说，我们都是图形内容的创造者。即使没有博客或社交媒体账号的人，依然可能通过工作中的演示报告创造视觉内容，因为他们要选择图形、图像、剪贴画等来阐述报告。即使没有互联网，电子设备也在一定程度上将设计变得更加民主。到目前为止，有人估测世界上的照片中有一半以上都是在过去两年间拍摄的。价格亲民的智能手机上的应用使人们能使用滤镜和图像处理特效，而这些技术在不久前还仅限于专业摄像师的领域，因为那时只有这些专业人士才会使用昂贵的软件。

即使是如此繁盛的创作行为也丝毫没有威胁到有天赋并受过训练的设计者的地位；相反，他们的技术可能比以往任何时候都更重要。优秀的设计对于商业成功起着至关重要的作用。

网络即时性的一个好处就是我们能够毫不费力地利用它迅速测试不同的设计。A/B 测试是指将两种版本的设计上传，让某些用户看到 A 版本，其他用户看到 B 版本，这样可以迅速检测出设计的有效性。然而，虽然点击测量是行为测试的一种方法，但这种方法只能回答一部分问题。这个测试回答了"有什么""什么起作用"等问题，但是并没有解决"为什么"的问题。如果我们不了解更深层的思维原则（mental principle），A/B 测试就只能是一个不断试错的过程。这其中欠缺的一环是鼠标点击背后的思维过程，而这正是神经设计关注的内容。

电子图像的重要性

网络教给我们的最重要的一件事可能是：人们非常喜欢图像。网络本身非常依赖视觉，而这种趋势会越来越明显。许多研究都证明了电子图像的积极作用。有优质图像作为插图的文章更可能被阅览。社交媒体上带图片的帖子更可能被转发。的确，基于图像的社交媒体网络，比如 Instagram 和 Pinterest 经历了爆发式的增长。同样地，图像和照片也是 Facebook 和 Twitter 至关重要的一部分。

人类是视觉动物。人类的进化并不是为了阅读，而是为了欣赏图像。视觉是我们最突出的感官，与视觉加工有关的脑区在整个大脑中所占的比例最大。因此，我们是灵敏的图像消费者。我们可以迅速且毫不费力地解读图像。图像能让我们快速地理解其中的含义。我们可以通过图像更快地理解一页书或一个帖子的重点，并帮助我们决定应该继续投入精力还是转移注意力。

图像诱使我们阅读内容，并且使遵守指示变得更容易，图像还会使文字内容更可能流行起来。比如，一些有关网络图像重要性的研究发现：

- 如果文字内容同时附有彩色图像，人们阅读文字内容的可能性就会增加80%；
- 社交媒体上的信息图表得到的赞和被分享的次数是其他内容的三倍；
- 如果一篇文章每一百个字里至少有一张图像，那在社交媒体上被分享的次数会是其他文章的两倍；
- 以图像为主的网站 Pinterest 的内容极有可能被用户分享，每十个帖子中有八个是转发的；
- 与阅读没有图画的产品说明相比；附有图画的说明使人们正确按照说明行动的可能性提高了两倍。

正如之后也会讲到的（见第 8 章），人们发现在屏幕上阅读文字比在纸上阅读文字更困难，即使屏幕的清晰度很高。相反，观看图片更轻松。

设计对评价事物也有影响。如果依据大脑的喜好优化网站设计，用户就会更信任和喜欢这个网站。更优秀的产品和包装设计能使消费者愿意为它们花费更多的金钱。在先进的经济体中，很难用质量和功能特性对商品进行明确的区分，因此设计就成了产品价值的重要驱动力。

网络用户依靠直觉、缺乏耐心并且关注图像

大量图片是对视觉的轰炸。人类经过进化使用眼睛来解码信息，恰好我们每天又都面对着规模空前的、多样化的人造图像和设计。

我们目之所及的图像和选择，数量之多是前所未有的。如果某个网页稍微有些无聊或者不太令人满意，那我们可以轻易地离开这个页面。因此，我们频繁地跳读和略读。研究发现人们不会在网上进行精细阅读，只会粗略地浏览，浅尝

辄止。

视觉刺激如此之多，以至于心理治疗师和心理学家所报告的类似注意力缺陷障碍症状的增加也许是预料之内的。那些伴随着互联网和电子设备成长起来的一代人，消费网络信息的方式早已不同于其父辈，他们可以同时在多个屏幕之间自由切换注意力。但是，与集中的注意力相比，分散的注意力通常强度较弱。

微软公司在加拿大进行的一项研究共有 2000 名被试，这项研究发现，在分心刺激面前，维持注意力集中的时间从 2000 年（网络图像、视频和移动屏幕还未出现爆炸性增长）的 12 秒减少到了 2015 年的 8 秒。《时代周刊》（Time）发表的一篇文章称，目前人类的注意力持续时间竟然低于金鱼集中注意力的时间！伦敦国王大学（King's College London）做了相似的研究，它们发现，相比于使用大麻，被邮件分散注意力会更大程度上降低人的 IQ。

有一种军事训练营，主要帮助网络成瘾的年轻人（主要是男孩）戒断网瘾。进入训练营的人员要参加严格的训练项目，某个训练营的项目负责人声称网瘾会"导致大脑产生类似吸食海洛因引发的问题"。在西方国家，收费昂贵的诊所传统上专注于治疗酒精、药物或赌博成瘾，如今也将网络成瘾纳入了普通的疾病清单，并提供治疗。

在一项研究中，被试被要求在空荡荡的房间里独自静坐 15 分钟，与自己脑中的思想为伴。整个房间唯一可能的刺激来源只有一个按钮，按下此按钮后，被试会被电击。因为没有刺激的时间太难熬了，42 名被试中有 18 名宁愿给自己施加电击，也不愿安静地与自己的思想独处。相比于女性，男性更倾向于选择对自己施加电击（18 名男性中有 12 名对自己施加了电击，而 24 名女性中仅有 6 名这样做了）。这种电击行为并不是出于好奇心，因为在实验准备过程中，所有被试都亲身感受了电击，并且所有被试都认为电击非常令人不愉快，以至于他们都愿意付钱以避免再次受到电击。

研究者认为，这个研究显示出了人类天生不擅长控制自己的思想。如果没有经过类似冥想技巧的训练，人类就更偏好关注外界活动。浏览网络可能刚好填补了这个内在需求，而不是引发了需求。

另一个研究发现新颖的图像会对大脑产生愉快的刺激。被试躺在功能性核磁共振成像扫描仪（fMRI）里通过电子屏幕进行卡片游戏，同时 fMRI 记录被试的大脑活动。游戏首先展示了一些卡片，每张卡片都对应特定金额的报酬。接着，被试需要每次选择一张卡片。有趣的是，当被试看到之前从未出现过的新卡片时，会更倾向于选择新卡片，而不是选择已经见过的且已经知道其报酬值的卡片。同时，大脑的一个原始区域——腹侧纹状体（负责加工与愉悦感相关的神经递质）会变得兴奋起来。新颖的卡片会给人良好的感觉，虽然这是个充满不确定性的冒险选择。

从人类的进化史来看，虽然熟悉的事物风险较小，但是我们也需要探索新事物。在历史上大部分时间里，我们的祖先作为游牧的狩猎—采集者需要不断地探索新领地寻找食物。

这个压力在进化中形成了促使人类观察、探索新事物的动力。在完全不同的背景下，这个动力依然存在，在网站浏览这个例子中，它化身为一种原始的寻欢享乐的本能。

试图处理所有选项与信息，就像试图从满压的消防管中喝水。虽然我们急切地想要喝到水，但是不断喷射的水只有经过过滤后才能喝。这些过滤器存在于我们的大脑中，本书接下来会对它们做出进一步解释。注意力是一种心理商品，神经科学则告诉了我们注意力是如何运作的（详见第 6 章）。

信息和选项的爆炸式增长要求更加关注商业领域，比如网页、产品以及对话设计中的心理要素。人们通常没有足够的时间或精力去探究阅读内容的每一个小细节，因此，图像可能影响最后的决策判断。

"系统 1"的功能

当大脑面对的选项过于复杂以至于我们无法通过充分的研究和理性计算进行决策时，我们就会借助直觉的力量。这些直觉通常由思维捷径驱动，也就是我们的大脑已经进化到在面对不确定性时可以迅速采取行动。某些思维捷径与我们理解图像有直接联系；其他捷径与面对任何特定选择时的决策行为有关。

"系统 1"和"系统 2"这两个名词由基思·斯塔诺维奇（Keith Stanovich）和理查德·韦斯特（Richard West）两位心理学家创造，但却是由诺贝尔奖获得者、心理学家丹尼尔·卡内曼通过其著作《思考，快与慢》（*Thinking，Fast and Slow*）进一步推广、普及的。这两个系统并不是指大脑的特定区域，而是指大脑中发生的加工过程。这两个词语只是简洁地描述了信息加工过程，而没有对加工过程进行分类，因为在日常生活中人们通常同时使用两个系统。

系统 1 是指一系列毫不费力地在无意识中进行的思维过程。这个系统不擅长逻辑与运算。例如，一个理性的系统会在下结论之前收集所有必要的信息，但是系统 1 不会这样做。这个系统倾向于使用模式识别（pattern recognition）以及不完美但便捷的经验法则（rule of thumb），不会深思熟虑后理性地做出反应。

系统 1 的思维方式对于加工图像和设计很重要。通常来说，图像和设计的本质就是非理性的。因此，人的反应也不该是完全枯燥的、逻辑性的；相反，图像和设计可能会引发直觉，甚至是情绪。对某个设计的偏好一般来说没有什么逻辑上的理由，但我们总能说出几个，这些理由就会影响与商品购买有关的决策与注意力分配。虽然我们认为有些设计只是单纯地传递了功能性信息，但其实这些设计也会引发情感。

心理学家很早就意识到图像对无意识思维的重要性。图像加工是人类大脑的本能，人类在学会讲话或阅读之前就能理解图像。

相反，系统 2 运转更慢并且更费力。当你试图通过比较两种不同食品的容量和价格来判断哪种食品更划算时，你的系统 2 就启动了。因为这个系统较慢而且需要心理能量与努力才能运转，所以人们倾向于避免使用系统 2。通常来说，只有在我们不想使用或无法使用系统 1 时才会启动系统 2。

由于我们每天面对的图像和设计数量空前地多，系统 1 的加工过程就显得更重要。然而，系统 1 的过程大部分是无意识的，按照定义，我们无法意识到也不可能去描述这些过程。不过，我们依然想要相信自己是理性的，并且我们的行为都在有意识的掌控之中。因此，当我们在无意识的系统 1 的影响下做出了某些行为但并没有意识到系统 1 的作用时，我们就会编造出理由来解释自己的行为。

具有讽刺意味的是，日常生活中的视觉刺激越复杂、信息越丰富，我们就越不会依赖理性的、有意识的逻辑思维。"人类是具有复杂精密大脑的物种，"心理学教授罗伯特·西奥迪尼（Robert Cialdini）写道，"人类使用这个大脑，创造出了如此复杂的、快速运转的、信息满载的环境，虽然人类的进化程度早已超越了动物，但当今人类却不得不采用动物的方式在这个环境中生存。"

神经设计的原理

无意识思维一直在加工我们的视觉信息，并且在意识之外影响着我们对事物的反应，这意味着仅仅询问人们对事物的看法是不够的。很多时候，人们意识不到对某个设计产生偏好背后的大脑机制。人们不会直接说不知道，而是倾向于编造假话，也就是为他们的决策创造一个合理可靠的解释。我们感觉不到自己在这方面缺乏认识，因此就很容易有意识地将行为和选择合理化，以"填补这个空缺"。例如，心理学家很早就发现了一个现象——择盲现象（choice blindness）。

数字革命使图像在我们的生活中扮演了更重要的角色，也使其变得越来越普遍，同时数字革命也提升了我们测量无意识反应的能力。在过去几十年内，神经科学家和心理学家一直在研究用来测量系统1工作方式的新技术。这些研究使我们进一步理解了人类是如何对图像和设计做出反应的，同时也给予了我们进行研究的新工具，这些工具价格亲民并且容易获得，因此被非专家群体广泛使用着。

例如，眼动仪（eye-trackers）能检测用户在屏幕上的注视点，测量设计的哪个方面获得了最多的注意以及注意的顺序是什么。眼动仪在商业研究中的应用已持续了数十年，价格的下降使更广大的人群和商家都能使用这个技术了。此外，现在还可以通过用户的网络摄像机实现眼动追踪。

网络摄像机还可以与另外一种测量手段，即面部动作编码（facial action coding，FAC）同时使用。相机可以记录用户的面部肌肉活动，以推测七种情绪（它们在所有文化中都存在）。另外一种衍生自网络摄像机的新测量工具是欧拉影像放大技术（eulerian video magnification）。这个技术可以放大面部皮肤颜色随心跳不同而产生的细微变化，因此可以间接测量心率的改变。

其他在线测量工具还包括内隐反应测试（implicit response test）。这个测试诞生于大学校园，依赖于被试的反应速度，用于测量人们可能没有意识到或不愿意有意识报告的社会偏见。这些测试要求被试完成分类任务，快速将文字或图片（比如图标）分成两类。然而，在图片或文字出现之前，会有图像（比如设计元素或广告）短暂出现。这样的短暂暴露会影响被试接下来在分类任务中的反应速度，从速度变化中就可以推断出被试对图像的无意识反应。与那些需要有意识完成的问卷相比，这些测试很灵活，具有更多的优点。

其他更加依赖于实验室的测量手段包括将感应装置放在被试的头部或身体上，

比如，脑电图（electroencephalography，EEG）可以通过放在头部的感应器（这些感应器通常放在一个像泳帽的小帽子里）来测量大脑中的电活动。脑电图即时测量记录许多指标，比如注意力，还可以用于观测图像引发的情绪反应。此外，还有皮肤电反应（galvanic skin response，GSR，或 electrodermal response，EDR），这类工具通过放在被试手指上的感应器测量皮肤导电性的变化。本书讨论的研究结果来自这些测量工具，以及其他神经科学家使用的测试。

在日常生活中，从网页设计、印刷广告设计到包装设计，这些工具都被广泛地使用着。神经设计研究的典型问题包括：

- 怎样调整网页设计才能改善用户对网页的第一印象？
- 在多种印刷广告设计中最可能引起情绪反应的是哪种？
- 如何优化印刷广告设计引发注意，并且保证人们能看到其中最重要的元素？
- 哪种包装设计最可能在商店的货架上脱颖而出引起消费者的注意？

人们可以使用这些工具测试某种设计引发的用户的真实反应。但是，神经设计的好处并不仅仅体现在这些测量工具上。本书提到的原则、想法和最佳做法都可以用于设计的创作、发展和修改。

神经设计的原理包括以下几个方面。

- **加工流畅性**

人类大脑偏爱容易解码的图像。与较复杂的图像相比，简单的或易于理解的图片更占优势，而且观众也无法意识到这些影响（详见第 3 章）。

- **第一印象**

人类大脑在第一眼看到某事物时就会不自觉地迅速依靠直觉做出判断。这个判断引发的整体感觉会影响我们对设计的反应。第一印象令人吃惊的一点是，在我们还没有时间去有意识地理解眼前所见之前，它就已经开始起作用了。

● **视觉显著性**

大脑在理解眼前事物的过程中会构建神经科学家所称的显著性地图（saliency map）。这个视觉图包含一切大脑认为值得注意的事物。有趣的是，视觉显著性较高的图像或图像元素像第一印象一样，会影响之后的反应。例如，研究发现视觉上高度显著的包装设计能够在商店中被消费者选中，即使消费者实际上更偏好另外一个竞争产品。

● **无意识情绪驱动力**

设计中的小细节能够在很大程度上影响它对观众的情绪吸引力。情绪效应对于设计是否有影响力极为重要。我们可以利用大脑与生俱来的偏见设计出更具情绪意义的设计。

● **行为经济学**

过去 20 年在研究大脑如何对图像做出反应的同时，另一个相关学科，即行为经济学也在逐渐发展壮大。这个学科研究古怪的无意识如何引发决策偏见；当引发偏见的过程呈现在人们面前时，人们又会觉得这些过程并不理智。

许多有关神经设计的零散知识和建议都能被划分到以上五个关键原则中。理解这些原则能帮助我们更好地理解这些知识，并防止这些知识变成难以记忆的、随机组合起来的建议清单。

神经设计原则可以被应用于任何有设计元素的事物，比如网页、标志、印刷广告、演示报告以及包装设计。人体工学设计（ergonomic design）就是一个好的类比，为了创造实用的设计，产品、大楼以及家具的设计者要先研究人体的比例和动作。人体工学设计旨在理解人体的形态、大小和动作，使设计与之匹配，而神经设计则要求理解无意识思维的古怪之处与发生过程，这样才能创造出吸引无意识的设计。

互动理论

　　有关神经设计，人们最常提起的问题就是：难道设计不应该是主观的、由个人喜好决定的吗？就像是食品或衣服，不同人的喜好会有所不同。成长的文化和自身的经历都会对个人喜好有所影响。另一个相反的问题是：设计本身有好坏之分吗？换句话说，一个好的设计取决于其本身，还是取决于观看者？

　　本书采用了互动理论（interactionist view）。虽然每个人在品位上都有所不同，但是一些普遍的设计模式对于不同的人群具有同样的效果。优秀的设计利用这些普遍原则迎合大部分人的大脑特点，这就是设计师和观众之间的互动。

　　这个方式为设计师提供了足够的空间去发挥他们具有魔力的创造力。设计不同于科学，科学中的每个要素经过计算都可以用来预测它们对结果的影响，而这在设计领域并不现实。

本章小结

- 网络和电子屏幕使人们能方便快捷地测试和评估设计的有效性。

- 图像和设计在网络上尤其重要，因为它们会引导用户浏览网页并做出决策。

- 我们如今每天都要面对大量的图像，做很多决策，这给我们过滤信息带来了心理压力。过滤的过程基本上是无意识的，这就使得理解人们解读图片的无意识过程至关重要。

- 系统 1 的思维过程（无意识、快速且毫不费力）对于理解人们如何对设计做出反应至关重要。

- 神经设计涉及心理学和神经科学的知识，研究人类大脑如何对设计做出不同的反应。神经设计提供了一系列原则，设计师和设计研究人员可以利用这些原则优化他们的作品。

- 用互动理论去理解设计，需要我们去寻找普遍的、重复出现的、对人们有特定影响的设计元素。这个理论假设优秀的设计不完全取决于设计本身，也不完全取决于个人解读，而取决于两者的互动。

注：马的特征被系统性地夸大，这样做能够更容易区分长有夏季和冬季毛皮的马。

20 世纪 40 年代，一位年轻的美国艺术家在谷仓中开始作画，他的作品在整个艺术世界引发了一场革命。这位艺术家将画布平铺在地上而不是竖立放置，不用刷子作画，而是轻轻地甩动木棍使上面的颜料溅洒到画布上，或者直接将罐子里的颜料倾倒在画布上。他不用手作画，而是舞动整个身体，将颜料洒在画布上形成连续的线条来记录身体富有节律的运动。最后的作品是由一滴滴颜料组成随机的线条，虽然非常抽象，但很多人觉得他的作品美不胜收。

这位画家就是杰克逊·波洛克（Jackson Pollock），如今他的滴画价格已经超过了一亿美元。他的技巧随后被誉为 20 世纪最伟大的、最有创意的突破。1949年《生活》（*Life*）杂志问道："在美国他是在世的、最伟大的画家吗？"

然而，为什么看起来如此随意、混乱的作画风格却能对观众产生如此大的影响？在第一幅滴画问世 52 年之后，一位名为理查德·泰勒（Richard Taylor）的物理学家相信自己发现了这个问题的答案。1999 年，泰勒在《自然》（*Nature*）杂志上发表了一篇论文，描述了他对杰克逊·波洛克的作品所做的分析，结果显示这些画有隐藏的分形图案（fractal pattern）。从人体到山丘乃至森林中，分形在自然界中广泛存在着。大多数自然景观都包含这些分形图案，虽然看起来随机，但其中隐藏着反复出现的图形。例如，它们共同的特征是自相似性（self-similarity）。相同的图案重复出现在不同区域，局部放大观察到的图案与整体图案相同。一直到 20 世纪 70 年代晚期计算机革命以后，数学家才首次在自然环境中发现了这个隐藏的秩序。当今的好莱坞特效艺术家可以使用分形软件用电脑生成逼真的自然环境，如森林、山丘和云彩等。电脑分形分析也已被用于辨别波洛克画作的真伪，准确度高达 93%。

用分形设计创造世界

1981 年，好莱坞特效公司工业光魔公司（Industrial Light and Magic）（之

后的皮克斯动画工作室）的电脑图形部门使用分形图案创造了第一个完全由电脑生成的影片场景。《星际迷航2：可汗怒吼》的一组镜头描绘了一个原本荒芜贫瘠的外星球在一分钟内变成了生机盎然的生态圈，观众的视线首先随着镜头在太空中围绕这个星球移动，接着镜头突然快速向下俯冲，观众们又将自然风光尽收眼底。这个镜头需要逼真的自然风光，包括自然地形、海岸线和山脉。能模拟出这个星球还需要感谢分形数学软件。

泰勒的研究发现，波洛克的技巧并不是随机的。他的作品精确描绘了分形，只是30年以后，人们才知道原来那是分形图案。波洛克作画的过程并不是有意识的；他认为无意识才是他灵感的来源。泰勒认为，正因为我们在自然环境中被分形图案包围着，才可以无意识地学习辨别并欣赏这些图案。泰勒邀请120个人观看了一系列类似于滴画的图案，其中一些是分形图案：113位观众偏好分形图案但却说不出为什么。其他研究发现观看自然分形图案能有效地帮助人们放松，或许这就像人们在自然环境中感觉很自在一样，因为自然环境与人类祖先所处的进化环境相似。在自然图像中，"分形程度"在一定范围内才是最优的。换句话说，图像不仅仅是自然景观，还要包含一定水平的分形图案。

因此，证据似乎表明，艺术家和观众能创造与欣赏图案，但不是必须要有意识地去理解。艺术家通过作品表达无意识思维，而其作品则与观众的无意识进行交流。接下来，我们要用电脑无意识的智慧去发现其中的奥妙！

美学与神经科学

泰勒对波洛克作品的分析以及分形被无意识加工的有关证据说明了一些道理。虽然电脑的逻辑运算枯燥单调，不能感知艺术作品中蕴含的情感，但是电脑依然可以帮助我们理解人们如何以及为什么能够欣赏艺术。

有些人可能认为用电脑分析艺术是简化主义。电脑在分析中会将图像分解成碎片，但是人类则将图像作为整体来观看和欣赏。然而，泰勒研究的有趣之处是，分形分析其实也考虑了波洛克画作的整体性。从某种意义上来说，分析过程并没有特别简化人们欣赏艺术的过程。理解无意识过程有助于理解为什么人们对某些图像有特定的偏好。仅仅询问人们为什么喜欢某个图像并没有意义，因为他们可能根本意识不到！

杰克逊·波洛克仅仅是新抽象派画家的一个例子。19世纪照相技术的发明为画家带来了新的竞争者。20世纪的大多数画家都专注于描绘出真实的风景与人物（画作通常比实物更美），而理论上如今的相机可以更出色地完成这个工作。于是画家努力通过作品来表达反应与情感，而这些不能通过其他途径（比如照相或写作）来表达。正如画家爱德华·霍普（Edward Hopper）所说："如果可以用语言表达，何必还要画出来？"正如我们之后会讲到的，解释人们对传统画作的偏好（比如风景画）比解释人们对抽象画的偏好似乎更容易。

美学是关于艺术和美的哲学，已经有一千多年的历史。宗教和哲学的思潮促进了古典时期和文艺复兴时期人们对美学的思考。古典时期的思想家（如柏拉图）认为宇宙自身拥有优美的几何秩序。这些思想家发现，数学可以被用于理解视觉世界与音乐和声。接着文艺复兴时期的艺术家（比如达·芬奇）研究了人体的数学构成。这些艺术家相信，如果数学模型可以用来理解音乐和人体的美，那么也能被用于创造美丽的建筑和艺术。美是自然法则的固有属性。

然而，一直到19世纪，人类对图像的反应才得到系统性测试。例如，19世纪的德国实验心理学家古斯塔夫·费希纳（Gustav Theodor Fechner）建立了实验美学：使用科学的心理学研究理解或量化人们认为美丽或吸引人的事物。费希纳研究了视觉错觉，并且想要将画作的尺码和形状与它们对观众的吸引力进行匹配。虽然艺术和科学看起来是相互对立的领域，但它们的共同点是都要使用大脑。

神经科学家对大脑的许多特点依然没有完全理解。有关大脑的许多谜题还没有解开，比如意识以及意识的运转机制，但是我们对视觉系统的理解已经较为透彻。视觉皮层（或称枕叶皮层）位于头的后方，用于加工眼睛看到的信息。科学家能在理解视觉系统这个领域取得进步有两个主要原因。第一，它不像其他需要兼顾多项任务的脑区，视觉皮层只负责视觉，因而功能较简单，从而使视觉机制更容易理解；第二，我们看到的事物与视觉皮层的加工过程是直接对应的。正如神经科学家托马斯·拉姆索（Thomas Ramsoy）解释的："如果你在屏幕上看到一个特定的像素，这个像素就会在你大脑里的特定空间位置呈现。接下来，如果你看到另一个像素位于第一个像素右侧，那么这个像素在大脑中的成像也会与第一个像素的成像之间存在一定的距离和角度，这个距离和角度与真实世界相符。我们认为视觉系统是拓扑对应的，也就是说，真实世界与大脑加工信息的方式存在拓扑映射。"

神经美学诞生了

神经美学要用到神经科学和美学知识，利用我们对大脑和心理的了解来解释为什么人们偏好特定的图像。神经美学研究的美存在于很多领域，包括音乐、诗歌和数学，这一章重点描述视觉上的美感。艺术和设计能产生许多影响，比如引发好奇心、赞美之心，也能起到说服作用。这些会在之后的章节里重点讲解。

神经美学还是一个很年轻的领域，在 21 世纪初期才被正式认可和接受。然而，这个学科是建立在以往的科学成果之上的。例如，认知神经科学家和心理学家对视知觉的研究已经持续了至少一百年。同时，进化心理学家也提出了很多理论，认为流行的艺术形式能够帮助我们的祖先适应环境。迅速识别伪装之下的天敌、找到安全并提供食物的环境、发现熟透的果实来填饱肚子，这些都对人类的生存至关重要。更善于完成这些任务的人类祖先存活的可能性更大，因而他们的基因也就得以遗传。因此，在过去一千年的时间里，类似的进化过程使人类的大脑对某些事物形成了特定偏好。

然而，我们将审美偏好归于进化压力的同时也需要保持谨慎。比如，研究发现腿部修长的人（尤其是女性）会被评价为更有吸引力。一些学者推测，长腿可能暗示着这个人更健康，童年时期没有经历过疾病或营养不良，因此腿部的生长没有受到阻碍。但是研究发现这个偏好随历史的发展在不断地变化，对于女性图像来说更是如此。换句话说，某些现象很容易从遗传角度构建合理可靠的解释，但这些现象也可能是由文化造成的。

人类绘画行为的出现早于书写行为至少 20 000 年。我们知道，人类创造艺术的行为已经存在了至少 40 000 年。这显然仅仅是我们目前所拥有的最早的证据；人类创造艺术的行为可能在更早以前就存在了。艺术似乎是普遍存在的，所有文化中的人们以不同的形式在创造艺术。表面上看，艺术对人类的存活并没有直接帮助（艺术更像是生活中的奢侈品），艺术的悠久历史说明它与大脑活动息息相关，而这些大脑活动对于祖先的存活至关重要。

比如，进化心理学家解释说，风景画的流行体现了我们对风景的偏好，这些风景可以为游牧祖先提供理想的居住环境。不同国家的人们都喜欢稀树草原的图片，这类图片上会有一些枝干较低、易于攀爬的树。此外，人们还偏好野生动物，以及一些引人入胜、激发探索欲望的画面要素，比如蜿蜒曲折的小河逐渐延伸至视线的尽头。大部分人类祖先的进化地点都是东非的稀树草原，因此对于进化心理学家来说，以上的视觉偏好就是这些图像偏好的遗留。

类似地，人们喜欢美丽迷人的面孔，进化心理学家认为，这是因为人们要找到基因良好的配偶。某种体征（比如对称的面孔）意味着健康的身体和强壮的基因。

某种意义上来说，人类祖先对有奖赏作用的事物表现出的偏好，跟我们对含糖和脂肪的食物的喜好相似：我们渴望这些食物带来的愉悦感，而它们又恰恰有助于人类祖先的存活。因此，这类流行的图像被称为视觉芝士蛋糕，这其实有贬损之嫌。然而，优秀的厨师知道即使是普通的芝士蛋糕也可以体现出高水平的技巧与艺术性。之后几个章节描述的一些视觉效果，可能第一眼看起来简单明了，但是它们产生的吸引力也许能跟美味的芝士蛋糕相媲美！

神经美学也会从不同的角度进行研究。例如，一个方向是研究人们喜欢的艺术种类，另一个方向是理解视知觉更基本的过程。第一个角度倾向于强调图像的整体性，而第二个角度则强调图像的部分。神经美学的另一个分支致力于对不同的视觉体验引发的大脑活动进行定位。功能性核磁共振成像扫描仪（fMRI）可以实时呈现被试在实验中观看图像时的脑部活动。fMRI 通过跟踪血流记录脑部活动。活跃的大脑区域需要更多的能量，因此血液就会向这些区域流动，来补充这个脑区所需的能量。

有些发现看起来是理所当然的。比如，当风景图呈现在被试眼前时，与加工地理位置有关的脑区就会变得活跃（边缘系统），或者当呈现面孔时，梭状面孔识别区开始活跃。尽管如此，但这些研究初步显示大脑活动能与图像加工进行联系。

然而，其他研究的发现更有趣。例如，研究发现当人们看到自己认为美丽的图像时，内侧眶额皮质（medial orbito-frontal cortex，mOFC）就会变得活跃。人们认为图像越美丽，这个脑区就越活跃。这个脑区与美的体验的联系进一步得到了证实，有研究发现当人们认为听到的音乐很优美时，mOFC 也会更活跃。相比之下，当人们认为听到的音乐不好听时，杏仁核（amygdala）和运动皮层（motor cortex）会变得活跃。有趣的是，有人推测看到丑陋的图像会使运动皮层变活跃，因为大脑试图让观看者远离这个丑陋的图像。

从某种意义上来说，这个研究结果意义深刻。过去几个世纪里，我们一直在试图测量美，如今我们终于有了一种将其量化的客观的、具体的方式。然而，另一方面，这种方式可能有些肤浅。我们可以直接询问某人是否觉得某张照片很美。脑部扫描仅仅揭示了与这个过程相关的神经过程。类似地，这个研究发现本身并不能解释人们为什么认为某张图片很美。这些发现都无法解释到底是怎样的思维过程或思维规则引起了 mOFC 的活跃。不管怎样，这只是开始。未来的研究可以在这些问题上做出更多的贡献。以前我们认为"情人眼里出西施"，而现在可能要被更新成：美取决于旁观者的内侧眶额皮质。

虽然我们对于欣赏图像的大脑过程并不完全了解，但是神经科学家已经开始利用对大脑的已有知识进行理论构建。目前主导这个领域的两位神经科学家是维拉亚努尔·拉马钱德兰（Vilayanur Ramachandran）和萨米尔·泽基（Semir Zeki）。

拉马钱德兰的九个原则

维拉亚努尔·拉马钱德兰是一位印度神经科学家，目前在加州大学圣地亚哥分校任职。他是神经美学界最早也是最具影响力的贡献者。一天下午，拉马钱德兰坐在印度的一座庙宇里写下了九条普遍的艺术规律。这些即兴的想法来自他在神经科学方面积累的知识和对世界艺术的观察。他表示这些原则只是初步的探索，并不是用来描述大脑感知艺术仅有的原则。

其中一些规律遵循同一个原则：我们在辨认出某物的时候，也就是顿悟（"aha！"）的时刻，会感到一丝喜悦。当今世界，大脑视觉区域（visual brain）

的这个能力之所以大部分时间没有被意识到，是因为我们生活的环境充斥着人造的单纯的颜色与物体。我们的祖先生活在稀树草原上，这就意味着他们不得不去辨认伪装之下的动物或树叶后隐藏的物体。识别出猎豹身上的斑纹色块是极为有用的。以下是拉马钱德兰的九条普遍规律。

峰值转移和超常刺激

艺术与设计能够通过夸大某物独特的视觉特征来增强人们认出它时的顿悟感。例如，漫画肖像通常会夸大个体特殊的面部特征：拉长下巴、放大鼻子或者耳朵。通过这种夸张手段，漫画肖像甚至比真人照片更容易辨认。拉马钱德兰使用了一个古老的梵语词汇"rasa"，它指的是用事物的精髓来描述物品、人或动物最特别、最具辨识度的视觉元素。这类设计似乎反映了大脑对大小差异的自然加工方式。将两个相同的形状呈现给被试，其中一个比另一个稍微大一些，接着要求被试根据记忆画出这两个形状，被试会夸大两者尺寸的差异。这意味着，我们会将特征差异简单记忆为"较大／较小"，而不是精确地记忆两者的尺码差异。

峰值转移（peak shift）这个词语来自对动物学习的相关研究。例如，如果动物在学习辨认两个相似形状后（如长方形和正方形）得到奖赏，相对于学习阶段见到过的长方形，它们会对夸大版的长方形表现出更强烈的反应。当动物学习对单个刺激做出反应时，它们通常会对学习阶段见到的完全相同的刺激做出最强烈的反应（行为的"峰值"）。但是当它们学习辨别两个形状时，行为的峰值就移动到了夸大的差异上，即对夸大的差异做出强烈的反应。

有关峰值转移另一个更奇特的例子来自银鸥。银鸥幼雏学习用自己的喙去啄母亲的喙来请求母亲喂食。银鸥母亲的喙上有一个特别的红点，而银鸥幼雏会啄带有红点的木棍。它们的大脑仅仅是对这个红点做出反应。然而，当研究者将一根带有三个红点的木棍呈现给银鸥幼雏时，它们的反应会更强烈——发狂般地啄那根木棍！不知为什么这三个红点对银鸥幼雏就像是超强刺激——更强烈地启动了视觉图像与被喂养的愉悦感之间的联系。

银鸥对三个红点的反应可以很好地用于类比艺术和设计对我们的影响。进化历史促使我们去辨认有助于存活或能够给我们带来愉悦的事物，而大脑辨识事物的规则通常是依据简化的编码。艺术家和设计师通过激活这些简单的、与事物并不相似的编码，有效地刺激了我们的视觉系统。

即使是那些试图按原样表现事物的艺术作品，比如风景画或人体雕塑，也经常使用夸张手法来创造令人愉悦的效果。这也是峰值转移原则的一种形式：选择那些在识别过程中最有趣或最有用的要素，然后将这些要素进行夸张处理。

当然，艺术和设计已经使我们的世界充满了被放大的和夸张的图像，而我们的祖先在他们生活的环境中可能并没有遇到过这些图像。峰值转移图像可以说是"超常"图像的一个例子。

例如，如今的科技可以在屏幕上呈现出上百万种颜色，数量庞大的染料和上色剂创造了五颜六色的服装、颜料和产品。然而，人类的祖先并没有见过这么多种类的纯色。例如，"橙色"这个词一直到16世纪40年代才在英文中出现，也就是在橙子这类水果开始被进口到英国之后，在那之前橙色并不常见（胡萝卜都称为棕色、红色或黄色）。形容橙色头发的英文是"redhead"（红色头发），这个词语至少要追溯到13世纪中期，在那之前英国人很少看到橙色。人类祖先的视觉世界可能相对来说较为单调乏味，跟当今世界相比没有如此多样的色彩和设计。然而，对于"超常"图像的喜爱在数千年之前就已经存在。石洞壁画的视觉分析发现，旧石器时代的创造者将马或野牛的解剖特征整体性地夸大了，使它们更容易识别。换句话说，人类的祖先已经在创造超常艺术。

峰值转移原则可以通过以下几种方式被应用到设计中：

- 如果观看者利用某个形状寻找某事物，那么这个形状就应该被夸大；
- 使照片吸引人的独特要素（比如美丽的风景或诱人的食物）都可以被夸大以便引发更强的情绪反应；
- 夸大独立的设计元素会使它显得更独特。

夸张的面孔更让人难忘

麻省理工学院的研究人员研究了一个软件，可以对面孔照片进行修改，使这些面孔更容易被记住。我们都知道，杂志社记者将模特照片进行美化使模特们看起来更迷人或更年轻，麻省理工开发的算法却是调整面孔的某些元素使其看起来更特别。他们研究了哪些面部元素能够影响人们对面孔的记忆程度，但把学习能力编入了他们的算法。由此引发的变化虽然细微，却可以有效地让面孔更容易记忆。在不远的将来，这类软件可以使某些设计更容易被人记住。

孤立原则

当物体或人物的一部分被遮盖或视觉环境不够理想（比如在黑暗的环境中）时，辨识物体就需要花费更多的精力。因此，在理想的视觉环境中看东西会更容易。

孤立原则与峰值转移原则有些相似：把所有多余的视觉特征去掉，这些特征对于识别艺术家想要描述的事物往往毫无帮助。我们在第 3 章谈到极简主义设计时将对此做进一步的讨论。本章稍后还会更详细地解释为什么要将某个视觉特征孤立起来（比如运动、颜色或形状）。

孤立原则可以通过以下方式被应用到设计中：

- 如果某个东西很难被识别，那么要避免让其他设计元素与之重叠或将其掩盖；
- 在你想要吸引注意力的元素周围选择性地使用白色空间。

组合原则

无论是通过匹配衣物颜色来选择出行装束，还是为居家装饰选择配色方案，我们会自然而然地依靠视觉信息组合物品。人眼只是感知周围不同的色彩和亮度；大脑的视觉区域将这些图案分组为物体和场景。当看起来互不相关的视觉元素经过大脑加工而联结时，我们就会产生顿悟之感。将事物进行组合的原因有很多：因为它们同步运动（例如，看起来分散的点被感知为正在移动的动物的皮毛）；因为它们颜色相同，图案相似；或者因为它们的线条和轮廓互相匹配，此类组合行为与特定的神经活动相关：当我们将不同的视觉元素识别为同属于一个整体时，代表每个元素的神经元组会同步放电。

组合原则可以通过以下方式被应用到设计中：

- 即使设计中不同的图像元素距离较远，仍可以利用颜色和形状将它们联系起来；
- 注意，在设计中把事物放置在一起意味着它们是有关联的。

约翰逊效应

约翰逊效应（Johansson effect）生动地说明了人类大脑如何灵敏地将物品进行组合。如果一个人身穿黑色的紧身衣裤，身体和四肢上布满白点，接着拍摄这些白点的移动，那么影片里你看到的就只有点而不是人的运动，但是人们很容易将移动的点感知为人（让人穿上全黑的紧身衣，还在衣服外面画上白点，这可能听起来很奇怪，但是这个技术在电影产业中可用于动作捕捉：捕捉演员的体态和动作，以此创造与演员相对应的电脑动图）。

对比原则

对比度适宜的物品更容易被识别。与组合原则相反，颜色的对比可以产生令人愉悦的美感，因为这些颜色能更强烈地吸引我们，这个现象被称为"视觉显著"（visual salience）（在第 6 章会详细讲述）。但是，与组合原则相似，对比度使大脑的视觉区域发现物体的边界和轮廓，从而协助识别。有研究发现，在自然风景与城市图像两者之间，人们原本会更偏好前者，但是如果调低风景图片的对比度，人们的偏好就会反转。对比也可以是概念上的，比如将不常在一起出现的图片和图案进行配对。

对比原则可以通过以下方式被应用到设计中：

- 如果你想让观看者注意某个设计元素，那就将它放在颜色为对比色的背景或设计元素上；
- 尝试增加设计或照片的对比度，使之视觉上更引人注目。

躲猫猫原则

我们的大脑喜欢解决简单的视觉谜题，就像在草丛中识别出猎豹。将物体的一部分遮盖住会使它更吸引人。识别部分遮盖的物体就像解决视觉谜题。每天世界上数以百万的人们都愿意通过视觉谜题获得乐趣。无论是寻找的过程还是得出解决方案的时刻都充满了乐趣。婴儿很喜欢与大人玩躲猫猫：大人先用手遮住眼睛，然后再移开手。

正如我们已经了解到的，视知觉需要我们不断地在眼睛收到的复杂的视觉信号中寻找图案。每次我们成功识别出某物时，大脑都会感受到快感。谜题要达到一定难度才能调动大脑努力工作，但是又不能难到让大脑感到疲累，在其中找到平衡很重要。拉马钱德兰相信解决简单的谜题能够激活于愉悦和奖赏有关的大脑回路。

对躲猫猫原则可以通过以下方式被应用到设计中：

- 简单的、容易解决的视觉谜题是吸引观众注意力的好方法；
- 如果观众已经对某个物体或照片很熟悉了，那将其部分遮盖是否能让它显得更吸引人呢？

有序原则

这个原则与图像的规律性有关。比如，设计的线条和轮廓是否排列整齐。例如，如果墙上挂着一些照片，我们希望它们被摆正而不是歪斜着。类似地，如果一个设计中有一系列平行线条，但是其中一条线以某个角度偏离其他线条，这个设计看起来就会有些不舒服。这跟组合原则有些相似：大脑的视觉区强烈倾向于把事物联系起来。现实世界充满了混乱的视觉信息，而观看艺术与设计的愉悦之处就在于它们之中有更多的规律和秩序可寻。例如，设计中重复出现的图案，就像拥有相同设计图案的瓷砖，会让这些图案更容易理解。我们的大脑只需要理解最小的重复元素就可以理解整个图像。

有序原则可以通过以下方式被应用到设计中：

- 如果一个设计中有多个角度相同的线条，那在添加另外一条角度不同的线条之前确认一下：这样做会不会看起来不太合理？
- 将物体以同样角度排列能够使设计看起来更平衡、和谐。

视觉隐喻

视觉隐喻是指利用视觉模型体现理念与想法。拉马钱德兰举了一个例子：动画家经常利用特定字体来表现词语意义，比如像"害怕"或"颤抖"这一类词，动画家会使用看起来在颤抖的字体。这类设计技巧能强化情绪或帮助表达含义。

视觉隐喻还体现在视觉上的押韵或映衬。例如，图像中不同的元素相互呼应。拉马钱德兰认为，此类隐喻能够在无意识水平上对人产生影响：我们不能在意识水平上注意到它。如果我们真的发现了这些隐喻，就会像躲猫猫原则中指出的：我们发现了一个隐藏的图案，就像是解决了一个谜题。

视觉隐喻可以通过以下方式被应用到设计中：

● 可以借鉴动画家频繁使用的技巧让文字反映词语本身的意义；
● 想办法将图像设计成隐喻来表达概念或情绪。

巧合厌恶原则

如果某件事的发生看起来不是巧合，那应该就是由人为设计的。毫无理由的巧合太过明显，因此会让人觉得不舒服。人类的视觉系统使用贝叶斯概率，通过计算可能性概率来解释眼前发生的事件。

通常来说，我们在观看事物时，大脑视觉区域假定我们身在随机的或通常的观测点，而不是使眼前的事物显得与众不同的某个特殊的观测点。

视觉巧合总让人觉得不舒服，因为这些巧合发生的可能性极低。只有找到它们发生的理由后，这些视觉巧合才能被接受。

巧合厌恶原则可以通过以下方式被应用到设计中：

● 在描绘物体或形状时，确保呈现的角度不会给人一种"太过容易"的视觉感受；
● 注意不要过于明显地使用有序原则或对称原则。

对称原则

正如第 3 章要讲的，对称性令人感到愉悦，因为它使设计过程更容易。我们喜欢看到对称事物的另一个原因是，对称性在人类祖先的生活环境中通常意味着他们见到了某种生物。因此，对称性作为一种视觉信号，可以警示祖先注意天敌或提醒猎人发现了猎物。

使用对称原则需要注意的一点是之前提到的巧合厌恶。如果设计作品以某个观测点描绘事物而使所有元素对称排列，那一定要确保这个设计不要完美得太过明显。当然，我们已经习惯了某些产品的对称性，比如汽车或水瓶。我们希望它们是对称的，而且这也是符合常理的，因为这些物体需要使用方便，左右不对称是不合理的。例如，要拿起一个可乐瓶的时候，你不希望还需要考虑应该从左边还是从右边拿起它。但是如果原本不一定是对称的图像现在看起来是对称的，就会让人觉得这个设计"太过容易"了。

对称原则可以通过以下方式被应用到设计中：

- 在设计中创造对称的形状、边框以及图像；
- 在描绘对称性事物时，可以仅仅将事物的一半展现出来吗？有时这是理想的、极简主义的呈现图像的方式，因为有时另一半其实是多余的。

我们可能都知道，在艺术领域这些原则不是绝对的。使用这些原则也并不能确保成功。有时违反这些原则也能创作出令人愉悦的图像。例如，躲猫猫和孤立原则可以被视为两个相对的概念。前者建议将图像的部分遮掩起来，让大脑花费更多力气才能发现这个图像，然而后者则建议让图片更容易观看。类似地，有序和对称原则认为设计需要规则的图案，而巧合厌恶原则却认为设计需要普遍的随机性。在这些原则之间找到平衡，或者知道何时使用一个原则而非其他原则，也是设计技术的一部分。设计者要"目测"一个设计看起来是否美观。

这些原则最好被视为一系列技巧，至于如何正确合理地使用这些原则还取决于设计者。

格式塔知觉原则

格式塔心理学是 20 世纪发起的运动，主要研究人们如何把事物看作一个整体。许多有关知觉的心理学研究都将事物分解成不同的元素，从而研究人们如何分别感知这些元素。相反地，在欣赏优秀设计或艺术作品时，我们会关注作品的整体。格式塔心理学关注人们如何将某物作为整体进行感知，而不仅仅将它看作部分的总和。

虽然严格来讲格式塔心理学并不属于神经美学，但它与这个领域也有关系。例如，拉马钱德兰写到的组合原则就是格式塔原则的重要应用。格式塔心理学描述了视觉系统将设计元素组合在一起的方法，比如使用接近性和相似性原则。

格式塔心理学最重要的原则就是完形法则（the law of pragnanz）。这个法则是指，我们在理解图像时总是用最简单、可能性最大的解释。例如，在图 2-1 中，我们认为，图形的重叠导致我们不能看到完整的图形（B），而不是因为图形本身就不完整但由于轮廓完全吻合所以刚好可以组合在一起（A）。

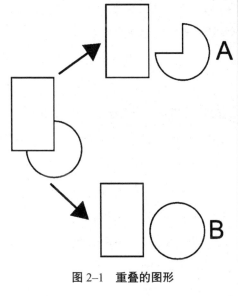

图 2-1 重叠的图形

同样，这与拉马钱德兰的巧合厌恶原则相似。当我们将事物进行组合时，会认为事物本身理应是完整的，而不是由于（不太可能发生的）巧合才被组合在一起。

萨米尔·泽基：艺术家就是神经科学家

萨米尔·泽基是伦敦大学学院的一位神经科学家，专业领域是视觉系统。他是神经美学的一位主要创始人。1994年，他与其他学者共同撰写了神经美学领域内的第一篇论文，1999年又参与创作了该领域内的第一本书。

他最大的贡献之一就是，发现现代艺术家一直以来都在做着类似于视觉神经科学的实验，只是自己并没有意识到。艺术家们做视觉神经实验有几种方式。第一种方式是艺术家无意识地改良自己的作品，直到作品使他们的大脑感到愉悦。如果艺术家的艺术作品也能使其他人的大脑感到愉悦，他们就创作出了人类视觉系统喜欢的作品。

第二种方式比较复杂。这跟视觉皮层的结构有关，人类的视觉皮层分为几个区域（主要的"视觉皮层"以V加数字命名：V1、V2等）。每个区域的细胞都仅对特定的视觉信息做出反应。例如，有一些细胞会对物体的颜色做出反应，但是对物体的运动、方向或形状完全不敏感。有的细胞会对物体的方向做出反应，但是对物体的颜色和其他特征完全不敏感。为了揭示大脑视觉区的不同区域对特定刺激的反应，神经科学家需要向人们呈现特定类型的图像，同时进行脑部扫描。例如，有的图像没有明确形状但有可辨认的颜色，或者图像是黑白的，但是形状和线条方向明确。泽基注意到，现代艺术的不同风格似乎与这类试验相似。传统的具体艺术描绘可以辨识的人、物或场景，而在抽象艺术中，视觉元素——形式、颜色、形状和运动，都被互相割裂开来区分对待。有趣的是，这恰恰反映了我们的大脑感知世界的过程。

例如，在判断物体的宽度时，我们无法忽略这个物体的长度。这两个过程在大脑中是相互联系的。然而，物体的表面特征（如材质、颜色）和形式却是独立加工的。

类似地，动态艺术（kenetic art）重点描述运动。泽基注意到，许多优秀的动态艺术家会尽可能把作品中的颜色最少化——他们看起来几乎是想要避免激活颜色敏感细胞，而将努力集中在运动敏感细胞上。泽基在立体派艺术作品中有相似的发现，并提出其他艺术家，比如塞尚（Cézanne），似乎是将线条方向作为作品重点。

这些领域中的艺术家是否已经意识到颜色、运动和形状这些元素是分开加工的呢？有趣的是，他们可能已经知道了。

不同的视觉元素不仅在大脑视觉区的加工区域不同，加工时间也不同。例如，我们会首先看到颜色，然后是形状，最后是运动。这些过程之间的时间差可能很微小（以毫秒来计），但理论上可以被有意识地分辨出来。艺术家如果对某些方面非常敏感（比如颜色或运动），可能会弱化其他视觉特征，而仅仅刺激他们感兴趣的大脑视觉区域。更加抽象的艺术学派可能刚好反映了大脑将视觉元素分开加工的事实。这样的作品会让我们的视觉系统着迷，即使是对那些在意识层面上对抽象作品毫无兴趣的人也是如此。例如，那些在意识层面上并不欣赏抽象艺术的人经常说"我的孩子都可以画出这样的画"。有趣的是，眼动追踪结果显示，当被试分别观看艺术家和孩子创造的抽象画时（两者表面上看起来很相似），被试无意识的反应有所不同。跟孩子的作品相比，抽象艺术家的作品引起了被试更强烈的视觉探索行为。被试的定点注视更多，注意时间较长，关注的画作中的区域更多。

这对设计者的启发就是，要表达一个特定的视觉元素——颜色、形状、运动和线条方向，最好削弱其他元素的变化。专门研究一下在特定视觉元素上颇有造诣的艺术家对设计师也是很有帮助的。比如，表 2–1 就展示了不同的艺术家和艺术流派，他们将颜色、形状或运动这些特征进行分离并夸大。研究这些艺术家的技巧可能会帮助设计师更好地表现相应的艺术元素。

表 2–1　　　　　　　　　　　　艺术流派的相应视觉属性以及视觉脑区

艺术流派	视觉属性	脑区
野兽派，如亨里·马蒂斯（Henri Matisse）、安德烈·德兰（André Derain）	颜色	V4
立体派，如巴勃罗·毕加索、乔治·布拉克（Georges Braque）	形状	V1 和 V2
动态艺术，如亚历山大·卡尔德（Alexander Calder）	动作	V5

泽基除了提出艺术家的作品反映的颜色、形状和动态是如何被大脑分开加工的之外，还提出了一些神经美学法则：恒常性和抽象原则。

恒常性原则

我们的大脑视觉区最重要的工作就是在不同的观看条件下辨认物体。例如，在远距离或从不同角度识别人的面孔，或者在极端光线条件下（过亮或过暗）辨识物体的颜色。现实世界中，这些活动迅速、简单并持续进行。

因此，除了物体或面孔在理想的视觉条件下或在一定的角度和距离下的样子，大脑视觉区还需要为物体或面孔建立更广泛的模型。这跟拉马钱德兰提到的"rasa"，即事物的精髓相似。泽基在艺术领域也有相似的发现，艺术家经常需要尝试捕捉事物的精髓与本质。

抽象原则

我们在观看抽象设计和较具体的设计时有什么不同吗？除了"刺激"大脑的不同区域和加工过程之外，抽象艺术可能还会复制大脑的自然行为。我们总是寻找最纯粹和完美的事物范例。比如，我们可能很希望看到完美的形状或颜色，而现实生活中事物比较混乱、各有各的特点，因而并不能跟理想状态一致。在寻找事物的视觉属性的精髓（泽基在恒常性原则中提到，而拉马钱德兰使用"rasa"这个词来表达同样的含义）时，大脑需要构建理想模型。比如，我们将所有见到过的面孔进行合成，建立面孔的理想模型。我们无法记住每一张面孔，所以我们将面孔与模型进行匹配（第 3 章会进一步对此进行说明）。我们大脑里存储的事物的理想模型在现实生活中很少见到，但是艺术为我们提供了理想模型的视觉范例。

核心概念

视网膜拓扑对应

视觉皮层与视野信息完全对应，这使神经科学家更容易理解大脑的视觉皮层。

神经美学

神经美学是神经科学和美学知识的应用。

格式塔心理学

心理学的一个流派，研究人类如何将事物作为一个整体来感知。这与神经设计相关，因为它揭示了我们将视觉客体联系起来的过程。

神经美学已经开始让我们了解到自己是如何感知艺术的，但是它真正的影响可能要数年后才会有所体现。随着我们对大脑的了解更加深入，能更好地将脑活动与观看和欣赏图像的过程联系起来，神经美学领域也会进一步发展。

神经科学和心理学领域丰富的研究成果增进了我们对图像感知过程的理解，但它们并不是典型的神经美学研究。下一章我们将会讨论这两个领域的研究。

本章小结

- 神经美学是一个相对较新的研究领域，它使用神经科学研究视觉偏好以及探究我们认为事物美丽的原因。

- 艺术欣赏通常取决于个人品位，神经美学更关注艺术欣赏的普遍原则。

- 神经美学的某些原则与设计相关，设计作品——通过夸大特征，增强对比，孤立或组合元素，帮助人们辨识物体，因为减少了辨识过程所需努力而使人感到愉悦。

- 许多现代形式的艺术与大脑视觉区感知世界的方式相对应。抽象派艺术其实并非真的是随机的或抽象的，它之所以引人注意可能因为它能够刺激大脑视觉区的不同功能模块，反映了大脑如何通过视觉信息解读世界。

加工流畅度：如何让设计更直观 03

注：这些几何图形使自然图形易于观看又不乏趣味性。

20 世纪 20 年代是高速发展的时代。工业化和新技术（比如收音机、电话和汽车）在加快生活步伐的同时，也让我们体会到了科学带来的财富、效率和自由。以亨利·福特为代表的企业家通过"科学化管理"而成功发迹：记录人们完成工作任务的时间，并根据这个信息组织工厂的生产线，使产量提高、获利增加。科学管理的成功说明如果人们可以理性地研究生活，我们的生活会变得更加精简高效。

这种现代、理性的社会思潮在设计中也开始有所体现。规模宏大的"春季扫除"开始了，20 世纪流行的错综复杂的或巴洛克风格的设计被干净、简洁的新风格替代了。产品、建筑和家具变得更加精炼和简化。20 世纪 20 年代和 30 年代早期的极简消费设计风格来自欧洲现代主义运动，比如包豪斯（Bauhaus）设计学校。它们的设计——从建筑到座椅都有所体现，在当时的时代背景下展现出惊人的现代感。即使是在现在，那个年代的产品与建筑拥有的现代感也令人惊诧。它们看起来平滑、理性并且实用，最重要的是风格极简。

然而，这些设计虽然在许多人看来很有趣，流行程度却日渐下降：人们普遍认为它们过于简朴、冷淡、不友好，并不能构造理想的生活环境。充满未来感和功能简捷并不能满足大众，人们需要更直观、更舒适的设计。

"工业设计之父"雷蒙德·洛威（Raymond Loewy）拯救了现代美学。照片中的洛威留着两撇胡子，梳着背头，身着西装和领带，手上夹着一支烟，简直是 20 世纪中期工业家的典型代表。洛威出生在法国，移居到美国之后，产生了巨大的影响力。他设计了许多东西，包括汽车、火车以及肯尼迪总统的空军一号（Air Force One）飞机的内部装饰，还有美国的第一个天空站天空实验室（Skylab）。然而，洛威影响力最大的领域大概是消费设计。他将现代飞机、汽车和火车的精简外表融入消费商品（比如口红、冰箱和收音机）中。从某种意义上来说，洛威将欧洲美学以更友好、更易接受的方式呈现给了消费者，普及和推广了极简主义设计。

当然，更新产品或品牌的外观也是提升销售量的一种途径，因为这样做能鼓励消费者更新所购买的产品，以此与时尚潮流保持同步。这也满足了我们对新鲜事物的渴望。正如第 1 章讲到的，我们通常会被新鲜事物吸引，大脑看到新的设计会有兴奋感。但是，如果消费者还没有准备好接受过于前卫的设计，这个做法可能会适得其反。因此，找到合适的平衡点很重要。

洛威提出了一个设计原理，叫作 MAYA，即"在可接受的范围内尽可能保持前卫"（most advanced yet acceptable，MAYA）。也就是说，普通消费者对于事物的外观有一定的期待，这些期待来自他们之前接触到的设计。以电话为例，30 年前，电话被线固定在墙上，并且有一个可以拿起来的听筒。如今的电话设计更偏向于能被放进口袋里的智能手机。但是，我们之所以更容易想到智能手机，是因为我们在过去几年里不断适应并积累了大量的知识。例如，通过触摸、滑动和滚动的手势实现与屏幕的交互，理解不同图标的意义，以及在平坦的、没有触觉反馈的表面上按键打字。这些对于 30 年前的大众来说都是陌生的，因此他们会觉得智能手机用起来不舒服、很怪异而且很复杂。

在某种程度上来讲，对于技术产品和网站来说，使用前卫设计就像是掌握一门语言，或者学习一套新的行为方式。如果设计太过前卫以至于消费者无法理解设计理念，这个设计就会显得费力而不自然。同样的道理也适用于前卫艺术和建筑。毕加索的画作和劳埃德·赖特（Lloyd Wright）的建筑最初都被许多人认为是丑陋的，直到现在才得到大众的欣赏。

虽然现代主义最初经历了并不存在的曙光，但是 21 世纪以来，极简主义设计在商业设计中的势头却一直很强劲。极简主义不仅存在于洛威的如太空时代般明快流畅的设计中，也存在于一些品牌的简约整洁的设计中，比如苹果、宜家，还有博朗。迪特尔·拉姆斯（Dieter Rams）设计了博朗标志性的产品，他曾说："我相信设计者应该去除那些不必要的元素。"近些年来，苹果公司富有禅意的简约哲学在移动设备领域中很有影响力，使电脑设备更容易被大众接受，与人们的生活建立起更加紧密的联系。

然而，虽然极简主义在设计领域中势头强劲，但来自相反方向的压力促使设计包含尽可能多的信息。例如，品牌经理通常希望包装和广告能够涵盖尽可能多的产品效用信息；网站设计者通常需要在网页上发布大量的信息。

同样地，设计者面对的一个难点就是，是应该让设计简洁易懂、利于观众观看和理解，还是要让设计复杂精细，从而更有趣、更吸引人。另一个难点就是设计是应该在直觉上令人感到熟悉并且符合期待，还是应该让人感到陌生，出乎意料。

本章讲述了解决这些难题的方法。

加工流畅度

不同时间和地区吸引大众的美学风格大不相同。但是，极简主义的设计风格却穿越了时间和空间，有着永恒且普遍的吸引力。这是因为极简主义呼应了大脑理解和加工图片的方式。

我们的大脑仅占全身体重的一小部分，但却消耗了很多能量。因此，大脑在进化过程中不断地减少自身耗能，就像电脑和家用电器上的节能模式。

系统 1 的无意识思考比系统 2 的有意识思考所需的努力要少。正如第 1 章讲到的，系统 1 持续加工和整理上百万条感官信息，而有意识思考一次仅能加工少量信息。这被心理学家称为认知负荷（cognitive load）。我们在购买决策中如果需要考虑很多因素，比如价钱、产品特征、使用频率，以及这个产品是否会比其他产品质量更好，决策过程就会使依赖有意识的系统 2 超负荷工作，因此令人感到难以承受，所以人们不得不让系统 1 通过捷径做决策。

总的来说，当人们在网站上看到广告或包装设计时，并不想有意识地花费精力思考。他们可能想要迅速做决策、收集信息或寻找娱乐方式。正如我们所了解的，人们在上网时尤其没有耐心，会对某些设计表现出偏好，因为这些设计能帮助他们快速、简便、凭直觉找到需要的东西。因此，在这种情况下，人们更喜欢简单、易加工的设计。心理学家称这个现象为"加工流畅度"。加工流畅度较高的信息（比如图像或任务）更容易被看懂或执行，因此需要的能量较少。

我们还会对熟悉的事物表现出偏好。从进化学角度来讲，如果某物为我们所熟知，那么它应该不会对我们构成威胁。我们通过进化以群组为单位生活，并且与熟悉的面孔建立信任的联结。我们与熟悉的人和事物相处会觉得很舒服，因为他们不会令我们丧命。

熟悉性：单纯曝光效应

查尔斯·葛辛格（Charles Goetzinger）教授是纽约人，从 1967 年开始在俄勒冈州立大学教一门有关通信的课程。有关他的报道提到他上课的方式有些古怪，他会给学生留一些不同寻常的任务，比如让学生说服其他人在请愿书上签字，请愿书上写的是自己（这个学生）应该得到"A"等成绩，然后根据学生说服他人的能力进行评分。在另一个考试中，他仅有的指导语就是："你们有五分钟的时间，开始交流吧。"然而，他的课堂最奇怪的是有一个神秘的学生，这个学生从头到脚都被黑色的袋子遮盖着。每天有人开车送他来上课，然后再接他回家，一直维持着他的匿名状态。最开始其他学生对这个神秘的"黑袋子学生"态度并不友好，但几周过去后，他们对这位同学却变得热情起来，当媒体报道大学校园内这位古怪的学生时，其他学生甚至还会站出来保护他。

一位出生在波兰的心理学家罗伯特·扎伊翁茨（Robert Zajonc）听说了这件事，他觉得很有趣。他开始研究重复出现的事物对人的情绪的影响。他 1968 年发表了一篇经典的论文描述了他的研究发现，即他所称的"单纯曝光效应"（mere exposure effect）。扎伊翁茨还使用不同的图像进行了一系列实验，比如将简单的图形、画作、面孔以及中文符号快速呈现给被试。有些图像在一个序列中多次重复出现，但因为图像都是迅速闪过，因此被试几乎不可能有意识地辨认图像内容。接着，实验要求被试选择自己喜欢的图像，他们总是选择之前见过不止一次的图像。仅仅因为图像出现的次数较多，人们就会更喜欢它们。这个效应的重要性在于它揭示了大脑中无意识、非理性的机制，让我们毫无逻辑地对图像产生好感。

有关无意识的一个很有趣的事实是，它无法分清易加工的事物和熟悉的事物。观看简易图像的舒适感就像是观看熟悉图像时轻松而毫不费力的感觉。熟悉的图像，比如，熟悉的面孔对我们来说很容易加工，因为我们已经理解了这些面孔。如果我们看到的是新事物，但理解加工起来并不费力，这就会让我们对这个事物产生熟悉感，因而产生好感。这种感觉通常来说不够强烈，所以无法产生有意识的、持久的印象，因此我们意识不到它。

有一篇论文研究了 200 多个有关单纯曝光效应的实验，发现在短期暴露中这个效应更加明显，但总的来说是可靠且稳定的。然而，现在大家认为并不是暴露或熟悉感本身导致偏好，而是我们见到某物的次数越多，加工起来就越容易（见图 3–1 所示）。这个单纯曝光效应可能仅仅是提升图像加工流畅度的一个途径。因此，我们可以把简单和熟悉的图像分为一组，而把复杂和陌生的图像分为一组。

熟悉或简单 / 加工容易　　　　　　　　　　　　　新颖或复杂 / 加工困难

图 3–1　熟悉 / 容易观看 VS 新奇 / 较难观看

正如有些研究表明，人们会对熟悉的事物表现出偏好，同样有证据表明加工起来更流畅的图像会让我们感觉更舒服。

加工流畅度的生理学证据

有研究使用面部肌电图（fEMG）测试加工流畅度对情绪的影响。面部肌电图是测量情绪的一种方法，这种方法是把传感器置于人的面部，测量微小的、让我们微笑或皱眉的肌肉电活动。如果我们对某物产生负面的情绪反应，控制皱眉的皱眉肌就会变活跃。如果我们对某物产生积极的情绪反应，控制微笑的颧骨的主要肌肉就会活跃起来。如果理论正确，容易加工的图像就应该能够激活笑肌，难以加工的图像则会激活皱眉肌。

例如，在一个研究中，研究者要求被试佩戴 fEMG 传感器后阅读看起来随机的词语。但事实上某些词表的主题相同，有些词表主题不同（如表 3-1 所示）。

表 3-1　　　　　　　　　　主题相同的词表更容易加工

主题相同的词表（大海）	主题不同的词表
盐	梦
深	球
泡沫	书

这些词表已经经过前人的研究和发展，即使人们没有有意识地理解这些词表共有的主题，也会觉得有共同主题的词表更加一致和连贯。当人们看到的词表有共同的主题时，他们的笑肌就被激活而皱眉肌则进入放松状态。其他使用熟悉的和陌生的女性面孔和点图的研究得到了相似的结论。所以，研究证据表明加工流畅使我们感到舒服。有趣的是，人们看到加工不流畅的图像并不会皱眉，我们之后还会提到这点。

加工容易度的内在监控

虽然我们通常意识不到易加工的图像会使我们产生积极的情绪，但我们可以意识到理解某物的难易度。我们的大脑一直在监控加工某件事物是否容易。有时我们能意识到对不流畅的事物的加工，比如当我们要很费力地去看清字号较小的文本时，不能理解一张复杂的图像时，或当某物与当前场景不符使我们连看它两次时。流畅度是一种"前意识"（pre-conscious）的感觉，我们通常意识不到它，但如果我们将注意导向它也是能意识到的。

人们监测自己的进步时会跟预期的进步速度相比，并倾向于躲避那些需要太多精力思考的设计。不必要地占用认知负荷这种行为，在设计师中应该算是一桩罪过。理解一页书或一项任务的过程应该尽可能简单，用户也想要尽快从"弄懂它"的这项责任中解脱出来。苹果的首席设计师乔纳森·埃维（Jony Ive）曾说："真正的简洁并不是简单地去除杂乱与装饰，而是将复杂有序化。"换句话说，设计师通过自己的努力思考尽可能减少观众需要付出的精力。

利用精巧设计使复杂信息变得容易加工的这项艺术越来越重要了，尤其对于网络环境来说更是如此。正如乔纳森·埃维所言，这并不是简单地删减设计使其所含的元素变少。

然而，大众并不总是偏好简单或熟悉的图像。我们有时也能够意识到自己对图像的反应。心理学家已经开始模拟系统 1 和系统 2 如何协调工作，以解释我们对图像的反应。

系统 1 和系统 2 如何解码图像

劳拉·格拉夫（Laura Graf）和扬·兰德韦尔（Jan Landwehr）提出了一个新的模型来解释我们如何有意识和无意识地评判图像。

美学偏好的愉悦 / 兴趣模型（pleasure/interest model of aesthetic liking，PIA）认为有两个因素影响我们对图像的喜好：第一，图像是否容易加工；第二，我们（如果我们对它有足够的兴趣）认为图像如何。如果人们对某个图像产生兴趣并更多地注意它，对它的好感度就会增加。例如，如果要求人们观看并考虑有关汽车的创新设计（通过一系列问题），人们更可能对新设计产生好感。其他研究发现，重复观看非典型的汽车设计会提升人们对这些设计的好感。因此，陌生或复杂图像的加工流畅度会随着熟悉度的增加而提升。

模型的第一步是人们看到图像并感知其加工流畅度，从而产生最初的积极（流畅）或消极（不流畅）的情绪。如果他没有动机去付出更多的努力来理解这个图像，那么加工过程就结束了，结果就是产生不悦感。这个阶段是由系统 1 进行的、无意识的加工。

然而，如果他们开始更加注意这个图像，或许出于被诱发的好奇心，或许因为他们不理解但有理解的需要，那么接下来发生的事情可能会使人们更感兴趣（如果增加注意以后，对图像的理解确实能够变得更清晰），或者感到困惑 / 乏味。

重要的一点是，人们利用系统 1 的流畅度来"评判"图像。只有当人们有动机去进一步了解时才会引发系统 2 的注意，比如当系统 1 的加工不流畅时；这意味着人们不能理解看到的图像，需要付出更多的努力去理解它。正因为如此，系统 1 的加工过程通常是肤浅的，而系统 2 的加工则更深刻（如表 3–2 所示）。

表 3–2 　　　　　　　　　　　　　系统 1 和 2 的概括

系统 1	系统 2
自动、不费力	需要更多的努力和注意
仅由图像本身驱动	由观众的思考驱动

续前表

系统 1	系统 2
无意识	有意识
评判图像的默认模式	图像难以理解或我们有动机想进一步理解它
主要是知觉流畅度	主要是概念流畅度
更肤浅	更深刻

因此，只有当人们有动机去进一步理解不简单或不熟悉的图像时，这些图像才可以成功地被加工。然而，以下要讲到的是另一种能够让图像加工更流畅的方法。

知觉和概念流畅度

流畅度分为两种：知觉与概念流畅度。知觉流畅度主要是图像的视觉特征，概念流畅度是图像的意义。例如，一张图像视觉上可能是陌生的或复杂的，但是传递的意义却是可识别的，比如用一种不同寻常或细致入微的方式描绘熟悉的物品。这两种流畅度可以叠加，形成一种整体的美感／流畅感。然而，知觉流畅度更倾向于使用无意识的系统 1，概念流畅度更偏向有意识的系统 2。词表可以作为概念流畅度的一个例子（见表 3–1），而知觉流畅度的例子则可以是视觉上容易解码的设计。

命题密度

简单的设计也可以传达丰富的意义，这被称为命题密度：利用尽可能少的图形细节传达尽可能多的意义。命题密度包含两个元素：表面元素（图形）和深层元素（元素表达的意义）。

例如，绿色就可以作为表面元素运用，而深层元素则是要传达的绿色与自然的关系。密度可以用数字表达，即用深层元素数目除以表面元素数目。如果得到的结果大于 1，那就说明这个图像利用基本的图形元素传达了更多的意义，同时容易观看并且很有吸引力。

商标就是一个高命题密度的例子。例如，苹果电脑商标——一个苹果被咬了一口，轮廓简洁，仅仅使用了两个图形元素（苹果和叶子），然而这个商标表达了多个深层意义。例如：

- 苹果是自然产品，对你大有裨益；
- 苹果是普遍通用的（所有人都适用）；
- 艾萨克·牛顿先生的头被苹果击中后才顿悟，引导他发现了重力理论（因此建立了苹果与智慧的联系）；
- 根据你所处的文化、背景和掌握的知识，苹果还可以传递其他意义，比如，来自知识之树的果子；与圈外人和叛逆的联系（比如，翻到装着苹果的手拉车；或厄里斯的神话故事，向未被邀请的派对上扔了一个苹果）；抑或是送一个苹果给老师的孩子。

最简单的形状可以表达多层意义。当然，因为我们通过广告为许多事物与商标建立了联系，所以品牌商标自然也可以用最简洁的设计传达很多意义。例如，耐克的"旋风"是个很简单的商标，但它同时意味着运动竞技、健康、体育等。其他意义可以来自我们的文化和成长经历（例如，一个简单的猫头鹰图像可以代表智慧、书本、夜晚等），或来自自然的形状联系（例如，圆形可能表达团结、完整和包容；锋利或钩状的设计元素可以传达惊讶或不适感）。

蕴含多层次意义的图像优于简单的图像。如果极简主义设计要发挥效用，理想状态就是它们不应该是细小琐碎的，而应该包含丰富的信息。正如达·芬奇所言："简单就是极致的复杂。"

超越简单 VS 复杂

简单的图像可能会乏味，复杂的图形可能难于加工。但是，这两者结合的产物可以既简单又有趣。或许，看待这个难题更简单的方式是对比表面复杂度与信息内涵。

我们也可以从另一种更广泛的角度来看，即对图像的表面复杂度（图像蕴含多少图形信息）与图像的信息内涵进行对比。通过把图像的这两个特征结合起来，我们就可以总结出四种主要的、极端的图像类型（见图3-2）。

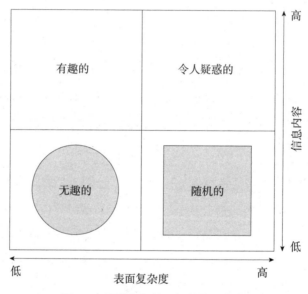

图3-2　四种主要的、极端的图像类型

1. 表面复杂度低，信息内涵少

这种类型的图像，如基本的图形——圆，容易观看，但是蕴含的意义或隐藏的图形很少。这种图像的缺点是很难让观众感到满足，除非有引人注目的元素（比如颜色的使用），否则仅仅使用图形可能会显得有些枯燥无趣。

2. 表面复杂度高，信息内涵少

这种类型的图像有很丰富的图形细节，但是背后并没有任何意义或形式，就像是视觉上的白噪音。这类设计的缺点是看起来随机，但真正观看起来又很费力。

3. 表面复杂度高，信息内涵多

这类设计通常较复杂并且试图传递很多信息。这类设计是否能成功，取决于观众有多强的动机去努力理解这个复杂的图像。如果观众的动机不够强，那么这种设计存在的风险就是：它可能让观众感到困惑，从而无法感知设计作品。

4. 表面复杂度低，信息内涵多

这是最理想的图像。因为看起来很简单，所以视觉上很容易加工。但它同时还含有很多意义，或有隐藏的视觉信息供观众玩味，所以很有趣。这类图像的例子就是高命题密度的商标。

因此，视觉信息想要有趣并引起观众注意，就应该尽可能看起来简单但富有内涵。正如数据可视化专家爱德华·R. 塔夫特（Edward R. Tufte）所说："图形的优雅就在于设计的简单和数据的复杂。"

新颖和复杂的设计让人喜爱

图像的简洁通常不是影响人们喜好的唯一因素。实验证据表明，有时人们也喜欢复杂或新奇的图像。新奇感包括（未曾听过的笑话或还未厌倦的新乐趣），还包括许多令人愉悦的感觉：新奇感是由无聊所引发的不愉快的解药，新奇感能让人看到希望——用新方法解决老问题。但是，新奇作为熟悉的对立面，应该会让加工不流畅。因此，有没有其他因素可以让人喜欢新颖的图像呢？换句话说，我们应该如何理解新颖和熟悉的关系呢？

我们已经看到，概念流畅性可能比知觉流畅性更重要。因此，如果新颖的图像蕴含很多易于加工的信息，人们就可能会更喜欢它们。同样地，如果观众动机足够强，给予足够的注意后可以解读图像的意义或使之容易理解，那人们可能也会喜欢更复杂的图像。

另一种人们喜欢新颖图像的方式基于我们对图像的期待。如果我们预期某件事物很难理解，但是它被呈现的方式使理解过程变得很容易，我们就会尤其喜欢它。容易加工的图像就像是意外地看到很熟悉的事物。例如，如果你在国外度假的时候遇到了一个朋友，相比在家乡遇到他／她，你可能会更愉快——你脸上的笑容可能会更灿烂。使难以理解的信息变得容易加工，也会产生相似的效果。

目前的研究表明，并不是加工过程的容易程度引发了积极情绪，而是真正的加工过程与预期的过程相比较引发了积极情绪。在之前提到的面部肌电图（fEMG）研究中，加工不流畅的图形、面孔或词表并没有引发皱眉。因为人们通常预期面孔、点图或短词表较容易加工，而这些信息并没有比预期的加工起来更不流畅。

这个过程非常依赖于个人的知识，以及加工信息的背景。例如，在一个实验中，向被试迅速地呈现日语中的汉字（被试之前不熟悉这些字），每个字在屏幕上仅停留 13 毫秒，因此被试并不能有意识地加工看到的信息。接着被试被随机分配到三组中的一组，实验人员将一些汉字呈现给被试（呈现时间足够长，允许被试有意识地加工），然后要求被试在 1~9 的量表上评价他们对每个汉字的喜爱程度。

第一组被试看到的是一组混合的汉字，其中有一半汉字在实验上一步呈现过，另一半则是全新的。第二组被试看到的所有汉字都是之前看到过的。第三组仅看到以前没有看到过的汉字。

单纯曝光效应的预测是，被试会更喜欢之前看到过的汉字。但是，实验发现，只有当人们看到一组混合的词表时，即熟悉和陌生的词语被放在一起时，他们才会对熟悉的词语表现出偏好。因此，只有当熟悉和不熟悉的事物放在一起形成对比时，单纯曝光效应才会出现。

这可以解释生理学研究中缺少的证据：人们可能早已认为这些图像是容易加工的。因此，这些简单的图像并没有让人感到愉悦，因为这一切全部在意料之中，也就毫无惊喜可言了。

信息图表就是一个不错的例子。在过去几年里，信息图表在网络上十分流行。它作为图像的一种，最常在网络上（像病毒一样）广为流传。精心设计的信息图表蕴含丰富的信息，通常使复杂的信息看起来较容易理解，因此会给人一种出人意料的简洁感。

因此，人们偏爱的或是那些出人意料的简洁（与预期中相比）设计，或是内涵丰富但风格极简的设计。然而，并不是所有设计都有潜力传达大量的信息。有没有方法能让它们看起来更有趣呢？人工智能研究为我们提供了一个解决办法。

如何让机器人对图像感兴趣

电脑科学家尔根·施密德胡伯（Jürgen Schmidhuber）主要研究人工智能。这个领域中有大量关于视觉识别的研究：这些研究试图让软件通过人造眼睛（相机）接收输入的信息，并像人类一样理解眼前发生的一切。然而，归根结底，如果智能机器人只能观看和理解世界但没有动机去探索和学习，又有什么意义呢？没有动机的机器人就像奴隶：遵守指令完成任务。又或者，它可以依赖外界奖赏：每次它表现出好奇行为或探索环境的行为时都可以得到奖赏。

思考这个问题时，尔根提出了一个经典的理论，这个理论不仅提出了使机器人学会好奇的模型，还可能解释人类如何有动机地去探索和理解周围的世界，以及我们为什么认为某些图像有趣并且令人愉悦。

从很小的时候开始，婴儿就像小科学家：对世界无比好奇，并且对事物的运转机制表现出先天的求知欲。即使年纪大了，我们也依然保有这颗好奇心。网页浏览就是一个很好的例子。许多浏览网页的行为都是由好奇心驱使的。人类对信息的渴望似乎是固有的天性。

尔根的出发点是我们在第 2 章讨论过的：大脑固有的惰性。尔根认为，理论上，大脑有能力把我们的一生以等同于 DVD 的质量存储起来。然而，存储和保持记忆需要能量。从记忆中提取所有的视觉信息也需要能量。要完成这些任务，大脑需要一条捷径。这也体现了学习的重要性。例如，当你看到一张面孔时，眼睛看到的视觉图像可能会因为观看的角度、光照条件等的不同而有所不同。然而，我们依然可以识别出同一张面孔。大脑做的就是存储一个泛化的面孔模板，这样在不同视觉条件下我们都可以识别出这张面孔。

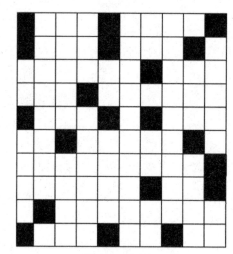

将看到的信息与普遍的视觉记忆模板进行匹配，能够帮助懒惰的大脑节约能量。这是一个简化的例子，请看图 3–3 的格子图。

这里没有特殊的模式，因此很难记住。可能你需要记住每一个被涂黑的格子。

现在，来看一下图 3–4。

图 3–3　格子图

这个格子图有明显的规律，因此也就很容易记忆。你需要做的就是记住黑白格子重复出现的模式。你不需要分别记住每一个格子的颜色。

在计算机术语中，这样的图像是"可压缩的"：我们可以把这个图像压缩

图 3-4 格子图

成更小的图像进行记忆。在计算机科学和信息理论中，视觉图形的可压缩性有时可以通过测量柯氏复杂性（kolmogorov complexity）得到。柯氏复杂性基于最短的、可以复制图像的电脑程序，它是以俄罗斯数学家安德雷·柯尔莫哥洛夫（Andrey Kolmogorov）的名字命名的。电脑程序越短，柯氏复杂性的得分越低，图像可压缩性也就越强。理论上，图像可以有很多视觉细节，但如果这些细节有序地以某种形式重复出现，图像的柯氏复杂性就会降低。记住这个模型以后，大脑只要可以识别这个模型，就能简化加工过程。

新颖且可压缩的规律引发好奇心

规律比较容易被大脑记忆和加工。规律可以使图像变得可压缩，因此大脑天生就喜欢寻找这些规律。这可能就是好奇心和寻找新信息的动机的核心：我们一直在寻找可压缩的规律。

这个模型解释了为什么人们偏向于寻找那些与自己的面孔相似的面孔。我们的大脑存储了"平均"面孔模板的规律。这能帮助我们加工并记忆新面孔，这样我们仅需要记忆新面孔与平均面孔模板的差异即可。

这也是"美在平凡中"的一个例子。人们倾向于偏爱普通或"典型"的图像。这些图像容易被人们理解和加工，因为我们已经理解了它们的"模板"。例如，有这样一个研究，研究者通过操纵汽车、鸟还有鱼的图像，发现每个图像中越是普通的版本越能得到被试的喜爱。

大脑如何为普通的面孔创造模板？其实就是简单地将看到的所有面孔进行平均。通常来说，我们见到自己面孔的次数比见到其他面孔的次数要多：我们每天都会在镜子里看到自己。因此，我们的面孔严重影响了面孔模板的建立。

大脑试图将我们对世界的模型压缩成更简单的规律，并且这个过程会带给我们美的享受，同时也与科学家和数学家的研究相呼应。如果某个方程用极少的元素很好地概括了自然世界，数学家和科学家就会认为这个方程具备优雅或美丽的特质。

新颖且可压缩的规律就像是大脑的零食

以上提到的模型还解释了我们为什么认为某些图像使人感觉很享受，虽然这些图像并没有直接让我们想起愉悦的事情。它们本身就是有趣的。我们可能没有意识到喜欢它们的原因，但其实是因为这些图像迎合了大脑的喜好：它们提供了可以用来压缩信息的新规律。

图像可以通过很多方式为我们提供新的压缩规律。例如，这个图像可以含有几何图形、对称和有规律的比例。

我们不需要有意识地注意到规律的存在；它可能是隐藏的。大脑只要感知到规律存在的可能性，就会对图像表现出兴趣并进一步研究、提取规律。

低复杂度的设计

尔根·施密德胡伯创造了他所称的"计算机时代的极简艺术"，这也是对他的理论的应用。低复杂度的设计（和低复杂度的艺术）第一眼看起来可能有些复杂，但是这些设计遵循潜在的规律，因而是可压缩的。我们一旦感觉到它们蕴含的模式化信息以后，就会觉得这些设计很有趣。这个模式是有规律的，因此可压缩／可学习，这也就让整个设计的结构更容易"计算"（见图3–5）。

图 3–5　低复杂度设计的例子：与几何模式"匹配"的面孔

注：尔根·施密德胡伯关于主观美感、新颖、惊喜、有趣、注意、好奇、创新、艺术、科学、音乐、笑话的简单算法理论。

眼动追踪研究发现，人们能够感觉到（甚至是无意识的）图像中隐藏的几何图形。把它们隐藏起来，观众就没有去观看这些几何图形的负担了；呈现在观众面前的只是简单的表面的图像。然而，观众的无意识思考可以按照自己的节奏探索图像隐藏的规律。类似地，皮克斯动画工作室的动画电影能够在两个层面上吸引观众：表面上简单欢乐的动画故事和深层次的复杂的玩笑主题以及文化内涵，它们都为电影增加了深度，使父母也有兴趣观看电影。

虽然古典和文艺复兴的艺术家和设计师已经在作品中体现了几何图形，但电脑运用简单的规则快速产生细致图形的能力为产生更多种类的几何模板提供了更大的可能性。目前，依据这些规律还很难创造出低复杂度的设计。但未来的电脑可能会协助这个过程：或提出建议使用模板创造设计或图像，或对已有的设计进行改善使之与模板的几何图形相匹配，从而看起来更有趣。

类似地，某些设计者已经在使用几何模板创造设计了。例如，Twitter 的标志以及苹果的云系统标志都是基于一系列重叠的圆圈设计的。虽然这并不明显，但是如果仔细观察也可以发现其中的几何模板。同样地，网页设计师经常使用格子模板将各个元素放在页面上，创造出页面上的秩序和一致性。然而，低复杂度的设计并不止这些。低复杂度设计的模板包含复杂、有趣的几何图形，比简单的格子更吸引人。

构造定律

极简主义设计致力于寻找最简单、最省力（就思考过程来说）的方式，来传达信息或解释任务。这也是大自然运转的方式。

由工程学教授阿德里安·贝让（Adrian Bejan）提出的构造定律（constructal law）认为，任何移动或活的系统（从树木、河水到人类的肺）都进化出了某种模式或设计，以尽可能减少能量流通的阻力。这解释了大自然是如何创造几何和结构图形的。

这个理论的出发点是，系统需要解决能量的流动，从而进化出了这个模式。这可以是水流过平地（例如，河流），或者在水上漂浮的圆形木材和流冰，它们都会

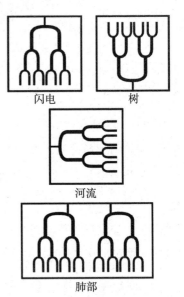

闪电　　　树

河流

肺部

图 3-6　自然中为有效分散或传递能量而产生的基本形状

与风的方向垂直（能使能量从空气更有效地传递到水中）。

　　这个理论很重要，因为它把生物的设计与物理联系起来了：它们的形成过程非常相似。这也就是为什么我们在不同系统中会看到相似的模式。例如，分叉的闪电、树木、河流和肺都有相似的分支模式。

　　构造定律还指出了极简主义设计的另一个特点：通过找到最有效的方法来传达信息或让用户完成任务，从而自然地得到必然出现的答案。最好的答案通常像是发现了大自然最基本的部分，而不是随意创造的答案（见图3-6）。正如苹果公司的乔纳森·埃维所说："我们大部分的尝试不过是要到达某个地点，哪里肯定有答案……你认为'这是理所当然的，为什么还有别的方法呢？'"

让设计加工更流畅的方式

　　有些技巧可以增加设计的流畅度。有的通过简化设计和去除多余视觉信息来提高加工流畅度，有的使用容易被大脑加工的、特定类型的图像。

形式熟悉但细节奇妙

　　正如之前提到的，即使每个设计元素都包含许多信息（命题密度），如此复杂的设计也可以被观众喜欢。此外，简单的设计如果比预期中的简单，就更有可能引发好感。

　　神经科学家扬·兰德韦尔依据这个事实提出，如果整体形式是熟悉的，细节复杂的设计也可以引发好感。他举的例子是欧宝 Corsa 汽车。这辆车的设计添加了很多细节（复杂性），然而它的整体形状和轮廓很典型（简单而熟悉）。因此，虽然众多的细节让人们预期它会比较难加工，然而它整体的熟悉性、易于加工的形式又带来了惊喜，创造了积极／愉悦的观看体验。

清晰度和对比

图像主体和背景之间的高对比度可以提高加工流畅度。研究发现，当图像有高对比度的背景时，人们更可能被这些图像吸引。

清晰度／对比度的影响只有当图像快速呈现时才会出现。时间再长一些（比如 10 秒），它们的影响就会消失。

自相似图形

正如以上提到的，在低复杂度的设计中，柯氏复杂性低的图形可以被作为模板进行设计创作。这就创造了一个表面上看起来简单，但其实有可压缩的、有趣的信息隐藏在其中的设计。然而，这些模板还有额外的好处：使设计组合看起来更自然、和谐。

这类模板图形通常具有自相似性。图形中较小的元素跟整体相似。换句话说，一个设计中同样的模式在不同水平重复出现。这就为图像创造了令人愉悦的内在和谐。艺术家和建筑师经常使用自相似图形来组织设计。其中三个例子就是：斐波那契数列、分形以及黄金比例。

斐波那契数列

斐波那契数列【以 13 世纪意大利数学家莱奥纳尔多·斐波那契（Leonardo Fibonacci）名字命名】是一列数字或图形，数列中的每一个新元素都是由前两个元素相加而得的（见图 3–7）。

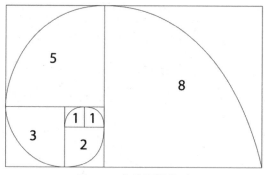

图 3-7 斐波那契数列

分形

分形所依据的数学原则在 17 世纪就被发现了，但是直到 20 世纪 70 年代电脑价格下降以后才使探索这些图形成为可能（如图 3-8 所示）。分形这个词本身是由一位出生在波兰的数学家本华·曼德博（Benoit Mandelbrot）于 20 世纪 70 年代中期创造的。分形图形在自然界中广泛存在：白云、河流、山脉、海岸、钻石、雪花，甚至在我们的 DNA 中也存在分形图形。

图 3-8 分形图形

黄金比例

黄金比例是指一组线条中长线与短线之间的差异等于总长度与长线之间的差异。图 3-9 将这个概念更简单地呈现了出来，如果我们拿出两条线 A 和 B，它们之间存在黄金比例关系，那么两者的总长度是 C……

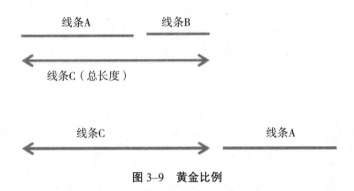

图 3-9　黄金比例

接下来将 C 和 A 放在一起，它们之间也是黄金比例关系。

如果我们把线条 A 变成一个正方形，把线条 B 变成一个长方形，我们就会得到一个黄金长方形，高与宽之比是 1:1.618（如图 3-10 所示）。

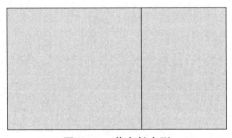

图 3-10　黄金长方形

这个黄金长方形可以在很多日常设计中见到，包括书本、房门、信用卡、香烟盒、纸牌以及电视（见图 3-11 所示）。

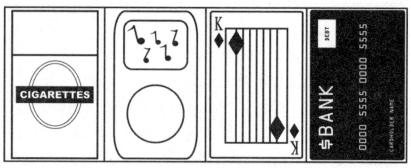

图 3-11　黄金长方形产品举例

自相似图形在自然界中的广泛存在可能使它们看起来更有组织性并且是经过精心设计的，即它们能够引发知觉，让人认为设计的组合是有逻辑的，而不是随机的。这也意味着我们的大脑已经进化出了内在的能力，能够发现这些图形（正如第 2 章提到的杰克逊·波洛克）的分形绘画，因为我们的祖先在自然界的进化历程中不断遇到这些图形（见图 3-12）。除了在视觉艺术中以外，自相似图形也被用于音乐以及诗歌中。

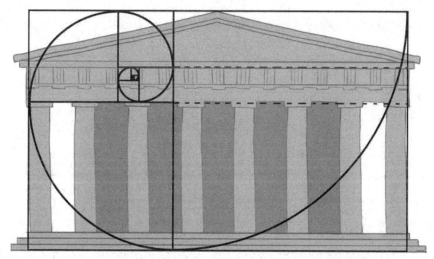

图 3-12　设计特点符合黄金分割和斐波那契数列的帕台农神庙

黄金比例的机制

  自有史以来，黄金比例和黄金长方形一直都有着广泛的应用，让绘画作品和大楼更加和谐、美丽。然而，虽然欧几里得（Euclid）在公元前三世纪就写下了黄金比例，但是并没有直接、可靠的证据证明古典时代的艺术家和建筑师在有意使用黄金比例。黄金比例看起来跟巨石阵的设计几乎一样久远，大概出现在 5000 年以前的古希腊时期。这个概念可能起源于德国心理学家阿道夫·蔡西希（Adolf Zeisig）于 1854 年撰写的论文专著，他写到黄金比例在很多古典雕塑和建筑中都存在。

  有关人们是否偏好黄金比例的研究结果并不统一。有些研究证实了人们对黄金比例的偏好，有一些并没有得到肯定的结论。可能因为有些人觉得黄金比例很美而有些人并不这么认为，因而实验证据并不统一。另一种可能是，人们对近似黄金长方形的分割有普遍的喜好，而不是仅偏好精确的黄金比例。研究发现，人们的偏好范围似乎是高、宽比在 1:1.2 到 1:2.2 之间的长方形（见图 3–13）。正如数据可视化专家爱德华·R. 塔夫特所说："横向发展的图形，宽大概是长的 1.5 倍。"

图 3–13　长宽比在 1:1.2 与 1:2.2 之间的长方形

三分法则

  黄金比例的简化版，即设计师和摄影师经常被建议使用的三分法则——用两组等距的线（分别为水平和竖直的）将可用空间进行分割（如图 3-14 所示）。

通过把最重要的视觉信息与其中一条线相交（或者将信息放于线条相交的地方），就会得到一个令人愉悦且平衡的图像。研究人员使用风景照片发现了人们对三分原则的显著偏好，尤其是四个交点中的三个（A、B 和 D）都会影响人们对图像的喜好。左边视野之所以可以产生更大的影响，跟假性忽视作用有关。

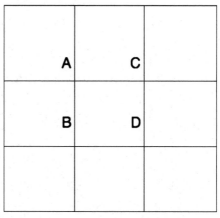

图 3-14　三分法中所用的格子

对称

反射对称是自相似规律的另外一个例子，即图像的一半在对称轴两侧重复出现。

大脑觉得加工对称图形很容易。几个月大的婴儿就能识别出对称性，12 个月大的孩子就能表现出对对称图形的偏好。

研究发现，人们最喜欢左右对称的图形，其次是上下对称的图形，对沿对角线对齐的图形偏好最弱（见图 3-15 所示）。

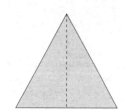  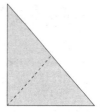

图 3-15　上下、左右、对角线对称的图形

有趣的是，虽然人们普遍偏好简单的对称图形，受过艺术训练的人却并没有

这种偏好。这个例子可能说明设计师与普通人对图像的感知不同。设计师受到的训练（或仅仅是自然的更强烈的兴趣和对美的感知）让他们能够更容易地加工复杂图像。例如，研究发现，艺术家确实比非艺术家擅长视知觉任务（例如，在心里旋转 3D 物体）。绘画不仅是由手操作的机械技巧，也可以培养视觉感知能力。因此，对称技巧可能并没有得到足够的重视，因为设计师自己并不欣赏这个特征。

左右差异

有证据表明，图像在左文字在右的设计更令人愉悦。这样的排版有助于提高加工流畅度，这缘于大脑加工图像的方式。眼睛接收的视觉信号被传递到脑后部的视觉皮层，右侧视野的信息首先到达大脑的左侧，接着左侧视野的信息到达大脑右部。我们的左脑（跟右脑相比）更擅长理解语言（左利手的人可能不是这样），而右脑更擅长解码视觉信息（见图 3–16）。

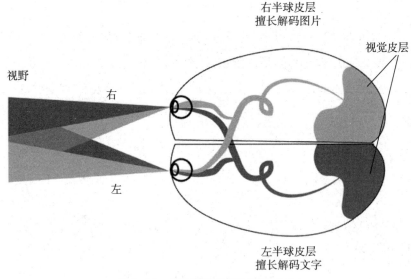

图 3–16　大脑半球优势和视野加工

另一个有趣的现象叫作假性忽视，即我们倾向于更注意左侧视野的视觉信息。例如，请看图 3–17 中的两个条形图——哪个看起来颜色更深？

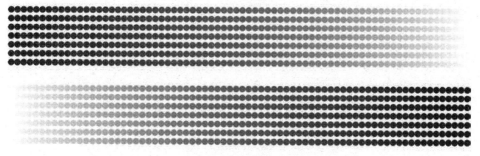

图 3–17　哪个条形图看起来颜色更深

在图 3–17 中，大多数人认为上面的条形图颜色更深，图 3–18 中很多人觉得左侧的面孔看起来更开心，即使在以上两个图中不同版本的图像是完全相同的，呈镜面对称，这证明我们高估了每张图中左侧视野的视觉信息。当被要求在线条上标出中点时，人们倾向于标得比真正的中点偏左。人们高估了左侧视野的线条长度。人们也能更快地发现左侧视野中发生的变化。舞台剧导演很久以前就知道这个现象，因此演员需要上台而不能被观众发现时，就会从舞台右侧行动。

图 3–18　哪张脸看起来更开心

这些差异在大脑中根深蒂固，但是文化也有一定的影响。例如，研究发现，在有的文化里，人们要从右向左进行阅读，这些文化里的人们更偏好放置在右边的图像，而在从左向右阅读的文化里，人们则偏爱左侧放置的图像。

在一个研究中，研究人员将指向不同方向的图像（比如向右行驶的汽车或指向左边的雕塑）以及指向相反方向的镜像图片呈现给法语（从左向右读）和希伯来语（从右向左读）的使用者。法语读者更喜欢指向右侧的图像，而希伯来语读者更喜欢指向左侧的图像。有趣的是，画家们也更喜欢画面向左侧的肖像。然而，这可能是神经设计原则互相覆盖的一个例子。通过把面孔画得朝向左侧，画家可以将侧面肖像放在画作左侧，而头的后部则放在右侧。因为我们更倾向于关注左侧视野，因此画家就将头部最有趣的部分（面孔）放在了容易加工的区域。另一个原因就是，人们似乎偏好面孔左侧。这也可能是因为我们的左侧面孔更擅长表达情绪，因此人们期待通过左侧面孔得到更多有关此人的情绪信息。

视觉等级

清晰的视觉等级可以引导观众的眼睛，使观看事物的顺序更直观。与第 2 章提到的格式塔原则相似，我们直觉上就能理解尺码和位置所传递的"此物是否重要"的信息，以此建立视觉等级。例如，较大的设计元素自然会让人觉得它们更重要。

启动与背景

启动效应与单纯曝光效应相似。背景有启动作用，可以让图像加工更流畅。启动是一种心理效应，即如果我们之前看到过某件事物，之后见到与其相似的事物时就会更容易识别和理解。例如，如果你买了一辆新车或一件新外套，就会突然发现街上有很多人都在开同一辆车或穿同一件外套。这仅仅是因为你的意识被启动了，因此开始注意到这些事物。

在一个研究中，实验者挑选了一系列日常用品的图像，比如飞机、书桌和床。实验者为每张图像设计了许多不同的版本，通过降低图像质量（因此图像更难被看清）来改变不同版本图像的加工流畅度。接着，每个图像依次在电脑屏幕上呈现，被试在识别出图像以后要迅速按键，回答对图像的好感度。

呈现图像之前，研究者先将被试即将看到的图像的轮廓或不同图像的轮廓迅速闪现给被试。如果被试潜意识中看到了即将出现的图像的轮廓，就会更快识别出图像，并且对它的喜爱程度也会增加。因此，潜意识的启动增加了图像的加工流畅度。

启动可以是非理性的：一个背景中的信息可以在另一个完全不相关的背景中引发行为。例如，在 1997 年夏天，NASA 的探险者登陆火星，因此经常在新闻中出现。与此同时，玛氏巧克力（Mars chocolate）的销量增加。仅仅是听到"火星"（Nars）这个词，就产生了启动效应，使人们更常想到它，因此让"火星"这个词更容易加工，心理上易得性增加。类似地，研究者发现在万圣节前后，与橙子相关的产品销量增加，这是因为万圣节频繁见到的南瓜会使人们联想到橙子。

峰值转移效应

第 2 章描述的峰值转移效应，即设计作品通过夸大最具特色的元素使其更容易被识别（就像在漫画卡通中），也可以增加加工流畅性。思考一下，设计中哪些元素是独特的，或可以将其与其他设计区分开来，然后考虑一下这些元素如何被夸大了。可不可以使用大胆的颜色或荧光色？可不可以放大或夸张某个形状？曲线可否更弯曲？棱角可否更分明？

知觉感数

在 1988 年拍摄的电影《雨人》中，达斯汀·霍夫曼（Dustin Hoffman）扮演的角色患有自闭症，它是根据真人金·匹克（Kim Peak）创造的角色。金拥有超越常人的能力，其中一个就是，当一盒牙签洒落在地上时，他不需要数，几乎瞬间就可以知道一共有多少根牙签。

知觉感数是指我们能够瞬间知道数目的能力，例如图像中的元素，而不需要依次数过才知道。大多数人都不像金·匹克一样，我们只能一次数出小数目的事物——大概三到四个。有时我们可以数出更多个，比如骰子上的点数。我们可以迅速识别骰子的六个面，但是这些都是特殊情况，因为我们已经记住了其中的模式。

有人认为大脑之所以有这样的能力，是因为我们作为狩猎者与采集者的进化历程。例如，我们需要迅速打量远处的捕食者或猎物，将它们的数量与狩猎人数相比：我们需要知道的信息是远处到底有一只、两只、三只、四只还是很多动物。了解七个和八个猎物之间的差别并没有知道一个和三个之间的差别来得重要。

一个拥有很少的单独图形区域并且作为整体呈现的设计，与拥有很多元素并且无法形成整体的设计相比，前者更容易被观众加工。如果观众需要在众多元素之间移动视线（可能仅仅是前后移动），当回看某个元素超过一次，视线就像在弹珠台上来回弹跳的球时，会让人感觉加工不流畅。

与知觉感数相似的是，人们更容易理解与自己擅长的领域有关的图像和设计。

方向敏感性与倾斜效应

模拟时钟是有史以来最成功的设计之一，每天数亿的人只需要扫视一下钟表或手表的指针就可以知道时间。然而，为什么模拟时钟和手表都是 12 小时的版本比较成功，而不是 24 小时的版本呢？答案可能是，我们对角度的直觉敏感度只能达到 30 度，比这更小的差异就难以察觉了。

视觉皮层更擅长理解基本方向的线条，即竖直或水平的，而不擅长理解带角度的线条：神经科学家称这个现象为倾斜效应（oblique effect）。视觉皮层甚至还有对基本方向线条敏感的神经元。线条之间越接近 30 度，人们越难发现不同角度线条之间的差异。正如经典模拟时钟上数字之间不同的距离能够使我们靠直觉得知时间，而钟表上如果有更多的数字，它们之间的角度就会小于 30 度，因此就会显得不够自然（见图 3–19 所示）。

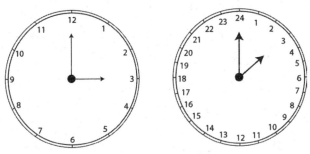

图 3–19　12 小时和 24 小时的时钟

因此，总体来说，最好将线条、边缘和物体水平或竖直放置。然而，如果许多边沿组成角度，最好让这些边呈 30 度角或者让它们对齐。同样地，如果你想让人更关注线条，即强迫人们花费更多力量解码视觉信息，否则图像则会非常直观并且容易理解，你最好使其中的线条呈某个角度。

例如，美国神经科学家斯蒂芬·麦克尼克（Stephen Macknik）注意到，广告商和销售商展

图 3–20　指针指向 10:10 的手表

示手表和钟表的方式有些奇特。最典型的一种就如图 3–20 所示：钟表指针显示 10:10。不同的品牌都会这样展示手表。麦克尼克认为这种做法可以追溯到 20 世纪 20 年代的汉密尔顿表公司（Hamilton Watch Company）。然而，艺术家马克·夏卡尔（Marc Chagall）从 1914 年起在钟表的绘画作品中就使用了这种方法。

为什么他们都把手表指针调到这个位置呢？

这个时间的分针和时针都是倾斜的，而不是在基本位置（即水平或竖直）。我们都知道，倾斜的线需要观众付出更多的努力来加工。因此，将手表调整到 10:10 会使其较难阅读，根据加工流畅度原则，你可能觉得这并不是理想的展示方式。然而，麦克尼克相信，阅读指针指向 10:10 的手表需要的额外努力有效地迫使人们给予了它更多的关注。手表看起来很简单，通过迫使人们增加对它们的关注，这些手表被注意的可能性就会变大，或者人们观看它的时间会增加。也有可能是，基本位置的指针位置引发了我们对巧合事件的厌恶（见第 2 章）：将指针定位在确切的小时、15 分钟或半小时的位置看起来很刻意而且"不典型"。而 10:10 的指针位置看起来有些像微笑的嘴。

关键概念

加工流畅度

指人们如何快速方便地从视觉上理解图片（知觉流畅度）或者图片的意义（概念流畅度）。加工流畅度高的图像会让观众觉得很熟悉。

单纯曝光效应

图像被看到的次数越多（即使是在潜意识水平），人们就会越喜欢这个图像。

命题密度

图像中图像传递的意义除以视觉元素的数目。密度水平大于一是比较好的，

因为这意味着图像用最少的元素传达了很多意义，因此加工起来很流畅。

柯氏复杂性

测量图像复杂度的方式：能够生成图像的最短的电脑程序。有自相似性的图形（比如斐波那契数列、黄金比例和分形）的柯氏复杂性比较低。

低复杂度的设计

设计基于的图形柯氏复杂性较低。

具身认知与物理直觉

具身认知是指我们利用自己的身体来帮助思考。来自肌肉和感官的反馈可以告知我们有关世界的信息，是快速做决策的捷径。例如：

- 如果某物比较重，说明它很重要或质量较好；
- 把某物移向自己的过程可以增加人们对这个物体的好感；
- 简单的事情会让人觉得"平滑"；
- 我们会称困难重重的一天为"难熬"的一天。

某种程度上，这些都是身体隐喻。我们通过与世界互动已经积累了丰富的记忆，因此具身认知隐喻是无意识的，它运转迅速并且依靠直觉，不需要我们进行思考。如果你需要毫不费力地表达某种属性，比如重要性、幸福、寒冷、温暖，考虑是否有身体动作或感官可以让人们想到这些属性，然后把这些属性用图像或文字描绘出来（更多相关内容请见第 5 章）。

向人们展示，而不是让人们自己想象

想象需要付出努力。有些事物比其他事物更难想象。你可以将图片展示给人们，告诉他们你想要他们思考的事情，或者画一张带有文字的、具体且容易想象的图像。有时，仅仅是展示一张图像，比如在一系列说明中，就能够降低用户的认知负荷。

网络使用和加工流畅度

正如我们已经讲到的，网络用户扫视、浏览或略读网页。他们并不会仔细阅读每一句话，或对每一个细节进行深度、缜密的思考。网络用户专家史蒂夫·克鲁格（Steve Krug）写过一本很经典的书《不要让我思考》（*Don't Make Me Think*），他认为这就是网页设计最重要的一条规则：降低用户浏览网站所需的精力。

他写道："使用无须思考不相关的琐事的网站会让我们觉得轻松，为不相关的琐事费脑筋会消耗我们的精力、热情和时间。"克鲁格提出了以下几个原则来优化网站的流畅度。

设计人们可以浏览的网页

理想的网页应该足够直观，使用户能快速省力、不受中断地浏览网页。与本章提到的其他技巧一致（比如视觉等级的使用），克鲁格建议把网页分割成清晰的区域，并使可以点击的地方一目了然。

把点击的动作简单化

完成一个任务所需的点击次数是衡量可用性的常用标准，但克鲁格认为考虑每次点击的容易度很重要。网站设计是否能够确保用户通过点击获取服务的区域是简单、明确、清晰的？减少用户点击时付出的精神努力，能够让用户浏览网站时感觉更轻松。

减少文字使用

他还建议去掉网页上无用的文字，尤其是说明性文字。网页用户浏览网站时通常不会阅读说明。尽量让设计足够直观，这样就不需要文字说明了。

检查设计复杂度

测量设计的复杂度没有完美的方式。一个简单的方式是，图像存储在电脑上时的"可压缩性"可以作为近似测量方式。换句话说，当你在电脑上存储一张图片时，你的电脑会压缩它。图像中的信息越少，压缩后的文件越小（以字节或兆字节为单位）。

然而，这是个不完美的测量方式，因为我们知道，其他因素（比如对称性或重复图形）都可以让图像更易加工。因此，以下是一些可以参考的建议，能够帮助你决定如何简化图像：

- 图像具有对称性吗？
- 图像符合某个潜在的模板吗？
- 命题密度是多少？
- 图像有多少单个元素？
- 图像是很容易理解，还是需要反复看图理解不同元素？
- 有没有自然的重要性等级引导人们观看图像？
- 设计中有没有多余的元素可以去除？

本章小结

- 大脑偏爱容易加工的图像，尤其喜欢比预期加工起来更简单的图像。
- 当图像容易加工时，我们倾向于对这些图像产生积极的情绪，反之则会产生消极的情绪。这就意味着简单的设计具有优势。
- 我们偏爱以前见过的图像，即使图像呈现速度很快，以至于我们并没有意识到它们。这就是单纯曝光效应。
- 典型的图片也会让人觉得熟悉，或称"美在平凡中"。人们偏爱看起来普通的面孔和汽车。

- 跟简单的图像相比，如果复杂图像蕴含着很多意义，人们也可以对复杂图像表现出喜好。这叫作命题密度。

- 当图像含有隐秘结构，或可能向我们展示新的规律时，这些图像会更有趣。

- 清晰度和简洁性的作用在短期内比较强，但是在图像重复出现并变得熟悉之后，它们的作用就会变弱甚至反转。

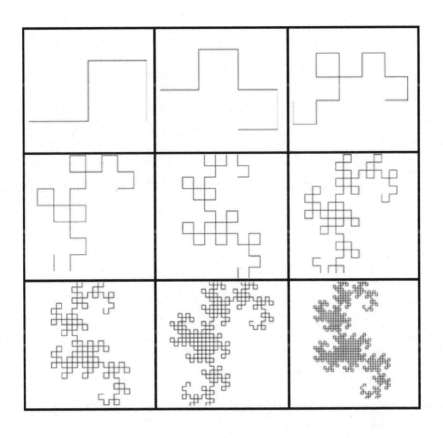

设想你正沿着大街走路，马路对面刚好有一辆新型汽车驶过。这辆车驶过你的视野，但是你并没有注意到，因为你当时正在思考其他事情。可能你甚至对汽车并不怎么感兴趣。然而，即使你没有注意它，大脑对那辆车的态度和感觉是否已经形成了呢？

感谢柏林的一组神经科学家所做的试验，我们现在知道了这个问题的答案。这个试验将一些汽车图片呈现给被试，每张出现的时间只有2.4秒，同时被试躺在功能性核磁共振成像扫描仪（fMRI）中以监控脑活动。其中一半被试看完图片以后对每个汽车的吸引力进行评分。另一半被试会看到同样的汽车，但同时需要完成一项任务：将目光锁定在汽车以外的某个注视点；这组被试不需要对汽车进行评分。然后两组被试同时想象自己需要决定购买一辆新车：研究人员将之前看到过的汽车图片呈现给被试并询问被试是否想要购买此车。

研究者经过脑活动数据分析发现，通过观察汽车图片出现在屏幕上时被试的大脑活动，可以预测被试之后是否想要购买这辆汽车，无论是图片呈现时被试注意了这张图片，还是这张图片在其视野内出现时被试在看其他东西。在两种情况之下，脑活动对行为的预测同样准确。这表示，我们的大脑能够自动做出购买决策，即使这些物品只是快速在视野内闪现，而我们根本没有主动注意这些物品或进行思考。

这与我们的直觉相悖，就像大脑没有寻求我们的意见就擅自做主了。我们都有过这种经历，在目光快速掠过他人以后就倾向于对此人做出评价，即使我们知道这样做很多时候是不公平、不理性的。我们可以瞬间对某人形成印象：友好的、聪明的、值得信赖的等。例如，有研究发现，被试听过20秒的音频以后就可以准确预测销售人员的效率（与经理评分相对比）。此外，面试官在见到职位候选人只有两秒时的评价和面试结束后的评价完全一致。我们能够迅速领会图片主旨的能力也十分令人吃惊。例如，研究发现，人们可以在1/10秒内分辨出图像是自然的还是人工的，是室内的景色还是室外的。

迅速的评价可能源于人类的进化起源：在人类还是狩猎—采集者的时候，迅速发现陌生人并判断是敌是友的能力很重要。在那个时期，类似的评估关乎生死。进化过程并没有赋予人类自我控制、在收集更多信息以后再做出评价的能力：我们似乎天生擅长对事物产生自动的、反射性的评价。我们用来打量他人从而形成第一印象的特征，也是由进化压力塑造的。例如，可信赖性和吸引力被用于评估某人是否具有威胁性，或基因水平上某人是否可以生育并成为潜在的配偶。然而，大多数人没有注意到的是，我们可能一直都在做迅速的判断，不仅是对面孔，对网页、设计和广告也是如此。

网页正在加载时，图片、标志和文字开始出现，明智理性的做法可能是不做评判，直到我们有机会适当地研究、阅读并测量了网页的内容。然而，我们通常会根据它的整体形象和感觉迅速形成判断，在这个过程中，少量网页元素极大地影响了我们对网页的评价；这个过程也很迅速。实验发现，人们在看到网页后的0.05秒之内就能够决定自己是否喜欢这个网页。

网页展现的内容、产品、公司人格、道德伦理和其他因素各不相同，用户如此迅速地形成评价意味着，他们并没有真正思考网页的内容，只是在对设计的主旨做出反应。

晕轮效应

如果不是因为第一印象的另外一个有趣的特点——具有持续性，最初的快速判断可能对设计师来说并不重要。心理学家早已知道了这个现象，将其命名为"晕轮效应"（the halo effect），即对某物的积极情感会在无意识中让人们对它其他方面的评价也更积极。我们更可能使自己对网页的有意识评价与第一印象的直觉保持一致：如果最初的情绪评价是积极的，我们接下来就会寻找理由将积极的属性赋予这个网页。

第一印象先以情绪的形式存在，然后被理性化。在我们还没有机会有意识地理解眼前所见的事物之前，就能够迅速地产生情绪。例如，有些研究发现看到图片几毫秒以后，情绪表达就开始在人的面部出现了（图4-1）。

图4-1　第一印象如何引导我们对设计的观点

出于这个原因，如果你询问网页用户是否喜欢这个网页，你可能会得到错误的结论。用户可能根本没有意识到自己做出了如此快速、直觉的判断；相反，他们更可能想出一些理性的原因来解释他们对页面的好恶。

晕轮效应的一个例子就是所谓的"外貌魅力偏见"（beautiful is good）：我们倾向于将美好的品质赋予外貌出众的人，而这些品质跟这个人的身体吸引力其实毫无关系。例如，我们可能认为这些人更聪明、更值得信赖、更可靠。

第一印象只是情绪吗

神经科学家称第一印象的这个特征为"发自肺腑的美"。这是对设计外表和感觉自动产生的直觉性反应。一些专家质疑过第一印象是否真的是对美的判断。他们认为对美的判断需要思考，而第一印象的形成过程并没有足够的时间进行思考。

在这个模型中，第一印象引发了积极或消极的感情，这些感情会使我们对其他品质的评估产生偏见，例如信任、可用性、吸引力和新颖度。换句话说，这就是简单的晕轮效应。

然而，也有证据表明，第一印象并不仅仅是晕轮效应，还包括对网页更深层的评估。有研究发现，网页的吸引力和新颖度由第一印象决定，而少量证据表明可用性和信任也可以由第一印象决定。还有证据表明，人们如果发现这个网站不吸引人就会迅速关闭它。

人们对网站的可信度和可用性是否存在第一印象，目前的证据并不一致，但现有证据表明这些评价会受网站设计的影响。为了决定应该在多大程度上信任一个网站（假设这不是一个著名的网站），如果我们依靠逻辑思考，就应该去调查网站的信誉，阅读"附属细则"，即隐私条款等。但是这样做太耗费时间，并且很多时候对大部分人来说不切实际，因此我们就会寻找做决策的捷径。有些研究发现，设计的一个特点——"匠心"，可以用来准确地预测用户对网站可信度的评价。匠心体现在网站使用最新的技巧和技术精心设计而成。同样地，设计美学的确会影响用户对可用性的评估。网站"发自肺腑的美"可以胜过实际的可用性：即使网页的可用性较差，如果用户认为它很有吸引力，也依然会喜欢它。

因此，第一印象会决定对网站某些重要方面的评价，虽然其他方面也会被第一印象影响，但是用户并不会完全依靠第一印象迅速做决定。然而，随着用户对网站了解的深入，这些方面的用户评价依然会被网站设计影响。

在网上形成对他人的第一印象

人们喜欢对他人迅速形成第一印象这个能力。这能减少我们对他人的不确定性，使互动变得简单。社会心理学教授弗兰克·波莫瑞（Frank Bermoeri）所称的

"表现力效应"是指："相对于难以被人理解的人来说，采用富有表现力的、生动活泼的沟通方式的人更容易被其他人喜欢；即使他们在表达自己的烦恼。因为我们更有自信能够'读懂'这些人，因而他们就不那么具有威胁性了。"换句话说，我们喜欢对其他人形成准确的第一印象，这能帮助我们了解如何与他们互动。

第一印象一直以来是许多有关商业与个人发展的著作的主题，人们越发注意"个人品牌"，即将自己专业的一面呈现给他人。很多时候，网站用户都在网络上形成对他人的第一印象，有时通过其领英或 Facebook 上的头像，有时通过网站上"关于我们"的链接，在这里用户会对公司员工进行评价。通常来说，你的在线头像，不论是你的网站还是社交网站，都会决定客户或雇主对你的第一印象。

与真人互动迅速形成的第一印象似乎有持久的影响，同时也涵盖了丰富的信息：人的身高、眼神接触、体态、说话的语气等。然而，个人的在线照片所能提供的信息就没那么丰富了，但是研究发现社交网站的用户即使在看到微小的细节以后依然可以通过头像迅速做出推测。此外，这些第一印象可以预测浏览过完整档案之后人们的评价。这可能在意料之中，毕竟头像是人们用来迅速做出判断最常用的信息。

如此迅速的判断赋予了照片极大的重要性，这意味着面孔能决定与面孔特征无关的其他评价。例如，研究发现在领英上，专业要求高的工作更偏爱有胡子的男性（因此更有可能获得面试机会）。同样的道理也适用于戴眼镜的女性。随着雇主越来越多地使用在线头像搜索工作候选人，这些影响会对人们的事业产生很大的影响。

很难对照片提出通用的建议，因为人们的背景不同。例如，约会网站上可行的照片类型和风格可能不适用于事业网站。同样，文化也有影响。与评价不同的人的照片相比，给同一个人的不同照片（角度、光照、表情）的评价差异可能更大。这些都意味着可能需要将不同版本的照片呈现给他人，以得到迅速的反馈。有的网站可以帮助你测试不同的面孔照片，按照想表现的品质对照片进行评分。

对浏览行为的影响

考虑到用户倾向于仅仅在某个网站上停留几秒然后就决定是否离开，第一印象的影响对网站来说尤其重要。网站引发的第一印象的好坏对于用户决定是否停留在网站上起着关键作用。

例如，最大的在线视频广告平台 YouTube 使用的系统是 TrueView，能够让用户在五秒之后选择跳过广告。如果观众在几秒之后不想继续观看广告了，可能对其他的在线视频广告也会丧失耐心。同样，YouTube 的普及使用户希望，对不感兴趣的广告他们可以选择在五秒后跳过。无论怎样，所有的在线视频广告都是可以有效地"跳过"。

谷歌公司做了一个研究，调查哪种广告在最开始的五秒过后最可能被跳过。他们发现了以下几种情形。

● 在过早和过晚展示品牌之间存在矛盾：品牌过早出现会让观众丧失兴趣，出现过晚则观众不能记住品牌名称。对此的建议是，将品牌作为产品的一部分展示出来，而不是漂浮的商标。

● 幽默能产生积极的影响。这或许是意料之中的，幽默的广告能够使观众受益（让观众微笑、大笑或感觉良好），不论观众是否有兴趣进一步了解品牌或产品。

● 如果不使用幽默，至少使用一些情绪，在前五秒营造悬疑的气氛尤其有效。

● 这可能也在意料之中，在前五秒内出现一张可辨识的面孔也可以帮助防止观众离开网页。

第一印象主要调动情感。由于第一印象形成速度过快，因而人们不能有意识地对内容进行理性评估。如果视频内容没有在情绪上迅速地吸引我们，我们就会点击离开。

薄切片与缺乏耐心的消费者

即使第一印象的效果并不存在，快速唤起情绪和概念也会变得愈发重要。大多数时候，消费者的注意力维持时间很短，而且其缺乏耐心的程度令人难以置信。对于许多购买决定，我们都不会投入过多时间考虑。我们仅仅依靠对品牌或产品的直观感受以及它们是否与我们想要的内容匹配来做决策。心理学家称这种依靠很少的证据得到的结论为"薄片"。

正如我们在第 1 章讲到的，网络尤其鼓励这种缺乏耐心的浏览行为。网站为我们提供了如此多的选择，使我们可以从一个网页轻松转到另一个网页，因此我们在线购物时比在实体店购物时更缺乏耐心，也更迅速。此外，因为见到的网页数量、种类都很多，也就积累了很多使用经验，变得越来越擅长迅速评价网页。

网站用户依靠已有知识迅速做出决策，与专家做出的快速评估有些相似。例如，古董或绘画专家通常在迅速打量家具或艺术品以后，就能知道它是真是假。这些专家并不能解释自己的决策，他们利用了无意识存储的记忆和知识。

类似地，网站用户积累了许多跟网页有关的知识，并且学会了将不同类型的设计与不同网站联系起来，即使他们并不能有意识地描述这个过程（对网页形成快速判断的过程）。

不要让我等

　　大多数网页的加载过程需要两三秒。网络链接速度可能在变快，但是网页自身的复杂程度与日俱增，它包含了越来越多的图像、动画和视频。网络链接速度和网页内容量之间正在发生一场较量。两三秒听起来可能很快，但是感觉却很慢。有些人可能在网页还没加载完之前就点击离开了，网页设计师如何创造内容丰富的网页但又不会失去心急的浏览者呢？

　　这里的秘诀就是分心。有证据表明，如果用户在等待网页加载过程中可以观看动画，那他们的注意资源就会被占用，从而不会因为缺乏耐心而离开。例如，谷歌和 Facebook 公司都在利用动画吸引用户。文字和图像正在加载的位置会出现方框和线条，上面有环形移动的阴影，这无意中是在告诉用户网页内容正在迅速加载中。

　　研究发现，进度条的设计能够影响使用者对时间的感知，使他们觉得自己并没有等待很久。其中最有效的设计使用了螺纹效果。正常的进度条显示的是统一颜色的条块从左向右逐渐移动到进度条的末尾。螺纹的版本在进度条中添加了一系列竖直的线条或肋条（见图 4–2），最有效的版本是螺纹的运动方向跟进度条的前进方向相反，使得用户的大脑误以为进度条比它实际运动得快。

图 4–2　普通（上）和螺纹（下）进度条

是什么驱动了第一印象

因为第一印象效应可以迅速产生，神经科学提供了一些线索让我们了解到底是什么驱动了第一印象的形成。神经科学家掌握了不同视觉特征的感知和理解过程需要花费的时间。第一印象的迅速形成意味着只有低水平的视觉特征被感知到了。第一印象不是由内容细节驱动的，也不是由词语意义驱动（人们根本没有时间进行阅读）的。

哈佛大学的一位神经科学家卡塔琳娜·赖内克（Katharina Reinecke）跟她的同事一起进行了一系列研究，研究用户对网站的第一印象背后的驱动力。以往的研究发现，图像复杂度和色彩构成是两个最显著、最容易被注意的图像特征，能够在第一印象的迅速形成中起到一定的作用，因此他们决定研究这两个特征。这些特征的另一个优点就是，研究者可以研发电脑模型来分析图像并量化这些特征，这个量化方法跟人们评价图像复杂度和色彩构成的方式相关。换句话说，这些特征可以被客观测量并给予数字评级。色彩构成主要通过图像的色彩组成决定，而复杂度则是整个页面包含的图像、文字以及颜色（他们也尝试使用图像整体特征，包括平衡、对称和均衡，它们是格式塔心理学中很重要的概念。虽然这些在统计学上有显著效应，但是对图像的影响很微弱，因此这些特征并没有被纳入分析。在研究中，242 位被试观看了 450 个网站图像并根据视觉吸引力进行评分。复杂水平和颜色分析能够解释一般的评分变化。为了使预测能力达到某个水平，研究者不得不将人口学变量纳入考虑之中。结果发现，人们对彩度的喜爱程度受教育程度的影响显著，而年龄则对人们对复杂度的要求有显著影响。复杂度和彩度的最优水平在图表中可以被画成倒 U 形（见图 4–3）。倒 U 形稍微有些偏斜，因为人们对高水平的复杂度和彩度的厌恶程度与低水平相比更强。换句话，与低水平相比，使用高水平的复杂度或彩度而犯错的风险较大。

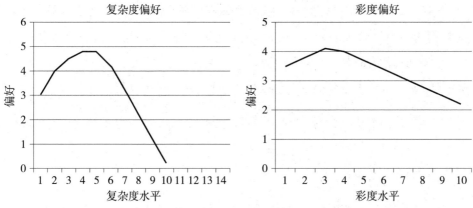

图4-3　表现对不同复杂度和彩度的偏好程度（赖内克与加若，2014）

后续研究进一步探索了文化的作用。该研究通过4万名被试收集了2400万个网页评分，涵盖了不同年龄、国籍、教育水平和性别。结果再一次证明了视觉复杂度和彩度对第一印象的影响。整体来看，被试偏好低、中水平的复杂度（文字与图像之间达到平衡）和中、高水平的彩度。

然而，由于人口学背景的差异，个体之间存在显著差异。例如，与其他年龄段的人相比，30多岁的被试偏爱彩度较低的设计（而这到底是由他们的年龄导致的还是因为他们的年代背景，尚没有明确的解释）。有趣的是，虽然从青少年到40岁的被试都偏好相似水平的视觉复杂度，但年长的被试更偏好高水平的复杂度。这可能有些出人意料，因为大家普遍认为老人应该偏好简单的设计，因为这样的设计需要的认知负荷较少。然而，这也可能是由他们出生的年代导致的，又或许是因为老人浏览网站的习惯（例如，老人可能会将全部注意力倾注在当前浏览的网页上，而年轻人则倾向于同时做其他事情）。总的来说，女性与男性相比更偏向色彩丰富的网站。最优的复杂度不存在性别差异（虽然女性与男性相比，更不喜欢低复杂度的网站）。研究中还测量了许多文化差异。虽然大体上的"倒U形"在不同国家内都存在（右侧较高），但是曲线的峰值有所变化。

例如，俄罗斯人与墨西哥人相比，更偏好简单的设计；法国人和德国人与英国或美国用户相比，偏好颜色较少的网页。地理上接近的国家有相似的偏好。例如，北欧与南欧相比偏好较低的彩度。教育水平对彩度偏好的影响比对复杂度的偏好影响大：受教育程度越高，对彩度的偏好越低。

虽然网站需要用最优的复杂度来获取良好的第一印象，复杂的网页设计其实比简单的设计风险更大。现实中大多数主页无论如何都需要将复杂度保持在最低，利用过度简化来避免破坏第一印象。

考虑到人们仅花费不到半秒的时间浏览网页，人口学差异的重要性令人吃惊。然而，这里也有普遍的建议（中等的复杂度和彩度当然最好，但是低等级的复杂度比高等级的复杂度更能避免风险），这些研究结果也强调了考虑观众身份的重要性——在用户中进行测试或研究很重要。

有些研究还发现，典型性会影响第一印象。典型性（如第3章提到的）是指眼前所见是否与期待之中的相似。网页有一些传统随时间推移而发展，人们也逐渐适应了，例如，在特定类型的网页上，用户期待的主要商标、菜单和搜索框应该出现的位置，以及图像、文字和链接的数量。一个非典型的网页会引发不确定性：我找到需要访问的网页了吗？为什么这跟我预想中的不一样？我是不是需要学习一种新的网页结构才能理解我现在看到的内容？

"用户大多数时间都花费在其他网站上，"网络研究人员雅各布·尼尔森（Jacob Nielsen）解释道，"因此，由大部分网站决定的传统会深深地印刻在用户的大脑中，网页如果偏离了这些传统就会面临一系列重大的可用性问题。"

当然，典型性也可能受到其他设计元素的影响：通过竞争、尝试、犯错与前期测试，网站设计倾向于聚集在最优设计格式附近，并且这些格式在接下来会因被大家熟知进而成为网络用户期待的格式。

有趣的是，与评价典型性相比，用户似乎能够更迅速地评价复杂度，或者说典型性的影响需要较长时间才能被用户注意到。这可能是因为与设计的简约／复杂性相比，典型性是一个较复杂的概念结构。

我们能够很容易分辨出一个网页看起来是拥挤还是简洁，但是将网页设计跟记忆／期待的样子相比，则需要花费较长的时间。

最优的组合似乎是低复杂度和高典型性。然而，这两个因素需要同时达到最优：低复杂度不能拯救非典型的设计，而高典型性设计也不能拯救太过复杂的设计。

第一印象也可能通过启动效应起作用。见到某物的第一眼所引发的联想会激活某些概念和情绪，这些在之后也会很容易出现在我们的脑海里——更仔细地观看这个事物以后，会更容易想到这些情绪和概念。例如，一个色彩鲜艳、正在加载的网页会引发一系列联想，这些联想与黑白色网页或配色方案较柔和的网页引发的联想是不同的。

关键概念

晕轮效应

如果我们对某物有积极的第一印象，就会倾向于去寻找或注意到它的积极特质（反之亦然）。

发自肺腑的美

我们对于视觉设计的美感自动产生的感觉。

薄片

仅仅依据"薄片"（少量）信息就得到一个泛化的结论。

图像复杂度

设计上不同且不重复的细节。

> **典型性**
>
> 设计多大程度上与同类型的其他设计格式或结构匹配。

新奇感会伤害可用性

如果一个网站看起来很典型，即它看起来与其他网站相似，或者看起来与我们所期待的相似，那么从定义上来讲，这个网站就不够新颖。因此，新奇感与可用性之间存在矛盾。例如，Facebook 公司每次推出任何新设计或用户界面都会（在用户中）引发一阵骚动。

如果网站看起来不太寻常，我们可能会不清楚应该去哪里寻找信息以及如何与网站互动——这意味着我们需要付出更多的努力来使用这个网站。这与第 1 章讨论过的熟悉度与新颖度相似。

研究发现，少许新奇感能够增加网站对用户的吸引力，但是新颖元素过多可能会引发困惑。因此，最理想的状态就是找到最佳平衡。

> **产品包装神经设计专家**
>
> 超市就像商业版本的艺术馆。在我们沿着过道行走时，成千上万种包装设计在争夺着我们的注意力和赞许，竞争非常激烈。麦片包装盒的外观设计可能看不到塞尚作品的痕迹，一袋尿布的设计可能也不会给艺术批评家留下深刻的印象。然而，这些设计需要完成对它们来讲更为困难的任务：使我们停住脚步看向它们，同时感受到某种情感上的吸引。完成这些任务需要经历激烈的竞争、面向全球上百万的购物者。
>
> 考虑到包装视觉效果的重要性，宝洁公司积极将科学研究结果应用到设

计这种行为也就不再令人吃惊了。例如，宝洁公司致力于理解第一印象，或用它们的行话来讲，就是"第一关键时刻"。在这个时刻，我们站在超市货架前，目光在包装之间跳跃，试图决定应该将哪个商品放入购物车。而恰恰就是这个瞬间成就了全球品牌。

宝洁公司学会了如何将第一印象最优化：公司旗下的 19 个品牌的年销量都超过了 10 亿美元。不论是吉列剃须刀、海飞丝洗发水还是碧浪洗涤剂，每一个产品都经过了数千个小时的设计、研究和测试，使这些产品视觉上尽可能地充满吸引力。

基思·优尔特（Keith Ewart）博士在宝洁公司做了许多年的高级洞察经理（senior insights manager），主管公司包装。他的工作包括研发和探索新的研究技术以更好地理解包装设计，尤其是在商品研发早期新点子刚刚诞生的时候。

他开始意识到判断新的包装设计的传统方式通常会扼杀创造力并更偏向功能而不是情感：

> 宝洁设计师和工程师很擅长创造模型并且喜欢测试和学习，但是某些让团队热情高涨、令人兴奋的想法却常常被过滤掉，因为我们会用理性的标准对它们进行评分。与每个人的直觉相反，有时，优秀的想法可能被拒绝。知道了这些以后，我认为神经设计方法的应用，比如内隐反应测试，可能在评估早期原型的过程中能够起到不可估量的作用。

优秀的设计师拥有将情感元素纳入设计中的直觉和技术，但是从以往经验来看，洞察经理并没有工具用来测量设计的情绪影响力。大部分量化市场研究都是外显的或依据系统 2 的，而现实中消费者看到产品以后会自动或通过系统 1 产生反应。这对实体商店或在线商店很重要，尤其是当消费者在浏览商品时。

购买决策并不是理性思考的后果，然而我们依然使用理性、系统2进行测试。只有当我们开始理解行为（人们实际上是怎样购物的）并且在特定的背景中进行测试，我们的理解才能进一步加深。我相信，神经设计测试为理解的完整性做出了重要的贡献，并且神经测试对于第一印象的理解也是至关重要的。

对设计师的启发

对设计师最主要的启发就是：见到网页的第一眼对用户对网站的印象形成至关重要，这也决定了他们是在网站上停留并探索，还是点击离开。虽然可用性因素传统上在网页研发中得到了很多重视，但是第一印象有着同等程度的重要性（甚至更重要），这可能与我们的直觉不符。

根据网站类型考虑设计习俗也很重要。用户对网站建设的期待是什么？你的网站看起来会不会与竞争者的网站差异过大？

不是每个人都有软件和资金来妥善完成第一印象测试，即将网站图像以 50 或 100 毫秒的速度快速呈现给被试，但是另一个迅速且容易的做法是仅让每个网站或设计显示五秒——在控制时间内允许被试进行打开和关闭网页的行为。甚至有的网站能够让你自动设置这样的测试。接下来，你可以邀请用户分享他们对设计的评分和看法，网站设计让他们感觉如何，以及他们认为这个网站是否可靠。

然而，这种方法的一个缺点就是你不能确定用户是对网页的整体设计还是对具体内容做出反应。大多数网站倾向于在一定时间内保持设计不变，定期改变设计内部的内容。到底是设计是可能在未来会发生改变的图像或文字引发了人们的反应?

另一个解决这个问题的方法就是,使用图形软件将低频空间滤波器放在网页截图上。这能够有效复制人类视觉系统在形成第一印象的时间内(0.05秒)的所见。这等同于眯着眼睛看网页。你只能看到设计的大概主题,但是不能阅读细节。把网页作为普通图像展示给被试,意味着图像的内容可能会影响被试的反应。你的内容可能会比整体设计发生更频繁的改变。

如果有机会,那用户的人口学背景也是值得考虑的,尤其是他们的年龄、教育水平、性别和文化背景。所有这些因素都会影响第一印象的形成。

一目了然

能够创造良好第一印象的典型图像通常是那些能够在低空间频率清晰可见的图像。也就是说,简单清晰的图像(如第 2 章所示)有优势,人们更容易对这些图像表现出偏好(见图4–4所示)。

这可以应用于任何需要迅速理解和识别的图像。例如,研究发现在低空间频率也清晰可见的图标(例如手机上的)更容易被识别。

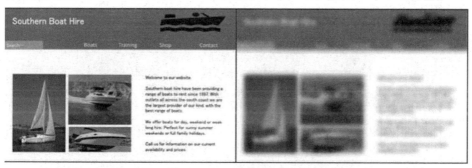

图4–4 正常显示的网页(左)和经过高斯低频空间滤波的网页(右)

这可能对于品牌特色的视觉特征和图标（例如标志或产品关键图像）有重要的意义。保持图像清晰简约能够有助于第一印象的形成，也能使用户更快地识别品牌。

蒙娜丽莎这幅绘画作品神秘的吸引力可能是神经设计产生的效果，称为"视觉空间共振"。这个效果是因为图像因空间水平不同而产生变化：低空间频率的图像近看会有些模糊，但是远看就会比较清晰，然而高空间频率的图像在近处看较为清晰。蒙娜丽莎的细节兼顾了两个空间频率水平。近距离欣赏时，她看起来并没有微笑。但是，画作中的细节（嘴角的阴影）空间频率较低，因此在远处或用余光看画时就会觉得蒙娜丽莎在微笑，这叫作依赖注视的面部表情。这个技巧能够被用于向图像内添加可以在不同距离观察到的秘密，比如在海报设计中。

图 4-5 展示的是低与高空间频率的文字。近距离观看时，High 变得清晰，但是当在远距离观看时，Low 则会变得更清晰。

图 4-5 低与高空间频率的文字

网站第一印象和大脑

在与软件公司 Radware 一起进行的研究中，我们将加载方式不同的三个零售网站呈现给被试。例如，一种呈现方式是网页尽快加载。

当他们观看网页时，我们将脑电图传感器安置在他们的大脑上即时测量脑活动。其中一个测量结果可以显示被试认为网页在情绪上对他们的吸引力有多大。

脑电图数据显示，在前五秒内，当网页还在加载中时网页对被试的吸引力，与网页加载完成以后、在屏幕上清晰呈现时间达到至少 10 秒以后被试对网页的反应有统计学上的可靠联系。虽然这仅仅是相对短期的效果，但这证明第一印象在网页完全加载之前就已经形成了，那时人们还没有机会去有意识地阅读和考虑它的内容。

本章小结

- 网络用户在 0.05 秒内迅速决定对网页的好恶。

- 网页复杂度似乎是驱动第一印象的主要因素。

- 颜色的作用也不容忽视，虽然复杂度和彩度的影响会随用户的年龄、文化、性别和教育水平变化而变化。

- 当用户测试网络界面的设计和布置时，最好测试整体的美学吸引力，使用低空间滤波器处理图像，以模糊细节并模仿人们在最初 0.05 秒内看到的内容。

- 如果网页的复杂度不确定，并且也没有机会进行测试，那就要考虑让设计偏向简单而不是偏向复杂，因为前者的风险较小。

路易·彻斯金（Louis Cheskin）是一个意识超前的人。彻斯金是一位出生在乌克兰的心理学家，他一生都致力于市场调查并在这个领域做出了显著贡献。例如，彻斯金建议将人造黄油的颜色从白色改成黄色，从而将人造黄油打造成了一个成功的商品。根据他的设计理念，他还准确地预测了（与当初盛行的预测相反）福特 Edsel 汽车在市场上的失败结局和福特雷鸟（Thunderbird）的成功（如图 5-1 所示）。这件事之后，亨利·福特（Henry Ford）聘用了彻斯金。

图 5-1　一辆 1957 年的福特雷鸟

彻斯金的观念超越了他所生活的时代，因为他知道仅仅询问顾客对设计的想法可能会误导顾客。相对于问卷调查，他更偏好观察研究和实验。例如，在一次测试中，消费者拿到三个除了颜色之外其他方面都相同的除臭剂。如他所料，消费者对其中一个产品产生了偏好，并没有注意到三个产品本质上是完全相同的。

市场调查产业直到现在才开始接受无意识的重要性，并采用了各种研究方法来测量无意识反应。我觉得，彻斯金如果生活在当今时代可能会采用神经研究方法。

他的另外一个见解就是，人们会不由自主地把对产品设计和包装的情感投射到产品本身上。他将这个现象称为感觉转移（sensation transference）。这跟第 4 章提到的晕轮效应相似：优秀的设计营造了积极的第一印象，接下来让人们对产品或服务整体都产生了积极的感觉。这跟具身认知研究发现也相似，本章后面会讲到这个领域。例如，人们会觉得较重的物品更重要。光滑的物体可能会让人觉得较重，因为光滑的表面会让我们抓紧它，而无意识中较大的握力是与沉重的物体相关的。设计的感官属性能够引发我们对它的情感。

正如我们在第 1 章讲到的，电子技术传播图片的能力是超前的。然而，人类是多感官生物：触觉、味觉和嗅觉对我们也很重要。每个感官都是一个潜在的途径，可以用来创造愉悦和动人心弦的经历。令人伤心的是，在如今这个充满打印与屏幕的世界，设计师并不能直接通过这些渠道进行交流，但可以通过非直接的方式利用这些渠道。

通过视觉线索激活其他感官

大脑通常会将不同感官的信息混合在一起来全面了解眼前的事物。例如，当我们看到某人说话时，在观察他们的嘴巴运动的同时也能听到他们说话的声音。两种信息（视觉和听觉）相匹配，传达相同的信息。不同感官的信息组合匹配以后，大脑会更加确定当前正在发生的事件，而我们的体验就会更真实强烈。大脑无时无刻不在进行这个过程，即多感官整合。对于设计的启示就是，如果图像能够利用不同感官信息来支持视觉上的表达，大脑对事件的体验就会更强烈。

此外，多感官整合在几乎 5% 的联觉人群中也有所体现。大脑会自动将不同感觉联系进行混合，即使有些感觉根本不存在。例如，看到字母或数字可能让产生联觉的个体看到不同颜色或听到不同的声音。通常来说，这样的联系所产生的体验仅限于可以产生联觉的个体。然而，有时这些体验是所有人都可以经历的。

例如，研究发现，在人脑中颜色与很多属性都有所联系。这些包括热—冷、干—湿、活力—木讷，以及透明—不透明。

字母可以引发颜色关联吗

关于联觉的一个有趣的例子就是颜色与字母的联系。字母—颜色存在联觉的人看到黑白字母时，大脑视觉区加工颜色的区域会变得活跃。字母与颜色的混合加工之所以会出现，可能是因为加工字母和颜色的脑区很接近。在一个研究中，儿童和成人被试需要在两个盒子中寻找特定的字母，这些字母藏在其中的一个盒子里面，同时盒子外表的颜色不同。实验者记录了人们试图在哪个盒子中寻找字母。

研究发现了以下关联：

- 字母 O 与白色相关联；
- 字母 X 与黑色相关联；
- 字母 A 与红色相关联；
- 字母 G 与绿色相关联。

这些关联看起来可能不是受字母发音的影响。这是因为有一组幼儿被试，他们还不能进行阅读，也不知道字母发音，但是这组被试也表现出了字母与颜色的关联。词语—意义联系可能有一定的作用，比如 A 与红色联系，A 可以代表苹果（apple），而 G 与绿色（green）联系。颜色—字母联系的两个主要原因可能是字母形状以及这种颜色的单词是否以此字母开头，或者与某字母高度相关的物体通常是某种颜色。

此外，有关颜色—字母联系的研究确认了"A ＝红色"的联系不仅在说英语的被试中存在，对于说荷兰语和印度语的被试中也同样存在。研究人员招募了在阿姆斯特丹讲荷兰语的被试、在加利福尼亚州讲英语的被试以及生活在加州但是出生在印度、讲印度语的被试。实验要求被试将颜色分别与字母以及一周中的某一天进行匹配。虽然被试通常觉得他们的答案是随机的（说明他们没有意识到颜色关联），但是试验在所有被试中发现了相同的行为模式。

三个语言组的被试之间有一些共同点，A 代表红色，B 代表蓝色，这两个是最稳定的规律。表 5–1 统计了与每个字母（实验仅测试了字母表中的一部分字母）相关最频繁的颜色（以及人们选择此颜色的百分比）。

表 5–1　　　　　　　　　　字母—颜色联系

字母	最频繁被选择的颜色联系
A	红色（60%）
B	蓝色（30%）
D	棕色（24%）
E	绿色（21%）
F	红色（26%）
H	棕色（13%）
K	棕色（13%）
I（大写的 i）	白色（16%）
l（小写的 L）	黄色（21%）
N	棕色（15%）
S	绿色（23%）
T	绿色（22%）
U	蓝色（18%）
W	白色（15%）

有研究发现，超过 6% 有联觉的美国人的颜色 – 字母联系与 20 世纪 70、80 年代费雪玩具公司发行的彩色字母冰箱贴套装相匹配。换句话说，因为在冰箱上反复见到，可能他们在儿童时期无意识中就学会了特定字母与颜色的联系。当然，

也可能是因为设计冰箱贴的人自己也有联觉体验，而他的联觉体验刚好与 6% 的美国人相匹配，因此产生了同样的颜色－字母联系。

正如字母与颜色相联系，使用颜色词语时，要注意斯特鲁普效应（Stroop effect）。这是指当文字颜色与词义一致时，阅读颜色词语会比两者不一致时要容易。

日期—颜色联系

之前提到的研究也测试了每周的某天与特定颜色之间的联系。

与周日和周一相关的颜色在三个语言组之间一致性最高：星期天与白色或黄色相关，而周一与蓝色或红色相关。

对于讲英语的被试来说，跟每天最相关的颜色（以及报告此相关的人数比例）如表 5–2 所示。

表 5–2	每天及其相关的颜色
天	相关的颜色
周一	红色（32%）
周二	黄色（27%）
周三	绿色（31%）
周四	绿色（31%）
周五	蓝色（21%）
周六	蓝色（22%）
周日	白色（20%）

红色与字母 A 和周一（周一通常在日历中作为一周的第一天出现）相关，这可能是先出现的字母／日子与最先出现在人脑海中的颜色的联系。红色可能是最容易联想到的颜色。

形状有颜色吗

还有人研究了形状和颜色之间的关系。结果发现，三角形与黄色的联系最强，圆形和正方形与红色的联系最强。

将结果进行分析以后发现，形状与颜色之间的联系受两类颜色属性的影响：颜色的冷暖和亮度。例如，红色与温暖相关；蓝色和绿色与寒冷相关；黄色自然是亮色，而黑色是暗色。圆形和三角形被人感知为温暖的；菱形是寒冷的；正方形是黑暗的。

我们对颜色和形状的偏好似乎与感官和情感联系有关。这些联系并不是绝对的，但是在不同人群中呈现出了这一趋势。也就是说，个体之间仍然存在着差异。

形状还可以促进不同感觉信息之间的联系。颜色能够影响对味道的感知。例如，红色倾向于增强对甜味的感觉，而绿色则使之减弱。这是因为我们已经进化到能够辨认出成熟的水果。曲线和圆形也会引发与甜味的联系，然而曲折多刺不平的形状则会引发与苦味的联系。后者的例子就是圣培露（San Pellegrino）牌苏打水（苏打水通常会有些苦）的瓶子上有一个红色的星星。我们的感官似乎在大脑内部密切相连。虽然有联觉的人们能够意识到，但其他人可能在无意识层面也能感知到这些联系。

食物图片可以作为另一个例子来解释图像引发不同感觉的过程。随着制作方面投入更多以及高分辨率图像的使用，广告和包装中的食物图片近年来变得越发精致。诱人的食物图片会利用以下技巧。

- 高分辨率。高分辨率的图像能够展示食物诱人的细节、质地、脆性、糖衣、细微的颜色，汽水里嘶嘶作响的气泡，还有从热食物和饮料中冉冉升起的蒸汽。
- 新鲜的标志。食物的质地要看起来很新鲜，避免让食物看起来放了很久，或者热的食物变凉了（蒸汽能表现食物依然是热的）。对于水果或蔬菜来讲，湿润光亮的外表暗示新鲜度。

- 暗示食物已经可以食用。展示食物已经可以食用能够刺激胃口。在图像中，动作是一种方法，例如，饮料被倒出来或奶油被倒在甜点上的动作，用刀、叉或勺子盛一些食物放在食物旁边。

颜色也可以通过重复暴露与不同品牌和产品种类联系。例如，淡蓝色通常与洗涤剂或手部清洁产品相联系。例如，食物中的蓝色调能够使人们无意识地联想到洗涤剂，因此降低食欲。将你想要使用的颜色放在谷歌图片中搜索，能够快速验证这些潜在的联系。例如，当你为食物产品选择颜色的时候，你可能会避免使用清洁剂或清洁产品经常使用的色调。这些在消费者的无意识中存在的联系会影响食欲。

颜色

颜色其实并不是客观存在的；颜色源于大脑加工光的方式。正如艾萨克·牛顿先生所说："按理来说，射线是没有颜色的，只是内在的能量和特质能够激起颜色的感觉。"

人们对颜色的感知是否有差异是几个世纪以来科学家们一直在思考的问题。你可能有过这种经历：你指着某物说出它的颜色后，你的同伴坚持说它是另外一种颜色。20 世纪 70 年代有一篇著名的哲学论文——《变成蝙蝠会怎样》（*What is it like to be a bat*），这篇文章指出，虽然我们生活在同一个世界中，但永远不能确切地知道其他人的感官体验，比如颜色。我们可以从外界测量他人的大脑，但永远不能真正进入其中。

文化还塑造了对不同颜色的敏感度。例如，研究者发现在古文献，比如《奥德赛》（*The Odyssey*）中，"蓝色"这个词语很少，因此推测并不是所有人都能感知到蓝色。有趣的是，在纳米比亚的辛巴族部落——这个部落并没有词语指代"蓝色"——进行的一个试验发现，虽然这些人不能在绿色方块中发现蓝色方块，但他们很擅长在绿色方块中辨认出不同绿色的深浅，而大多数西方国家的人很难做到这一点。

> **多彩／颜色立体效果**
>
> 不同的颜色，即不同波长的光以不同方式进入我们的眼睛。因为这个效应，当蓝色和红色同时并排出现的时候，我们很难同时注意到这两个颜色。这就使这种颜色的组合让人看起来不舒服。这种效应也使"钴蓝色"看起来不太舒服（因为这个颜色是红色和蓝色的混合色）。此外，蓝色背景上的红色物体或文字会看起来漂浮于背景之上（虽然有些人会产生相反的感觉）。黄色放在蓝色之上以及绿色在红色之上时也会出现漂浮效应。换句话说，普遍的规律是如果你想将这些颜色混在一起来突出某物漂浮，那通常来说最好将暖色放在冷色之上。

颜色很显然会在情绪上影响我们。儿童通常认为决定自己最喜欢的颜色是件很重要的事；在花费较大，比如购买新车时，颜色通常起着决定性作用；人们装饰家中墙壁的时候，会选择特定的颜色来营造某种感觉和心情。例如，许多人都能理解，寒冷的房间，比如很少得到光照的房间，可以将其粉刷成暖色，比如橘色或红色。对特定颜色的偏好看起来是个人化的，但是有没有普遍存在的规律呢？

研究发现，相对于暖色（比如黄色和红色），西方国家的人通常更喜欢冷色（比如绿色和蓝色）。总体来看，蓝色是所有文化中最普遍被喜欢的颜色，这可能因为蓝色与蓝天和水域的联系。同样，深黄色是所有文化中最不讨人喜欢的颜色。

相反，波长较长的颜色（比如红色），会引发更高水平的兴奋。因此，颜色同时存在两种效应：评估或偏爱效应，以及刺激效应。

红色普遍存在的效应可能可以通过进化学来解释。红色是炽热和流血的标志，同时也普遍作为警示颜色使用，告诉人们停止或警告他们有危险存在。还有证据证明，当人们面对身穿红衣的对手时会更虚弱。研究发现，奥林匹克竞赛的运动员身穿红色比身穿蓝色时更可能胜出。

有趣的是，这种面对红色时的屈服行为在猴子中也存在。在一个研究中，一位男性和女性研究人员进入恒河猴的栖息地中，在恒河猴面前放了一片苹果。在不同场合下，研究人员身穿红色、蓝色或绿色的衣服。当它们穿红色衣服的时候，猴子不会去拿面前的苹果。无论实验者是男是女，猴子对红色的屈服行为都存在。这种现象可能是进化的副产物，人们需要识别出面孔绯红是不是因为愤怒，因为这样的人更可能发动攻击。

红色效应可能在我们被评估的情景下也会起作用，即使我们并没有直接与另外一个人面对面。有研究发现，红色能够降低人们的 IQ 测试成绩。研究的假设是红色能够使我们想起失败的可能性，因此对于竞争或需要全力以赴的情景会更紧张。设计师大卫·卡达维（David Kadavy）在其所著的《黑客们的设计书》（Design for Hackers）一书中推测，这种效应也会使我们变得不够理性并且在零售环境中更容易受情绪线索的影响。

他观察到，美国零售商塔吉特（Target）——在所有商店里大量使用红色，似乎会使人倾向于在店里逛更长的时间。可能红色也能让我们对零售商的宣传更加"言听计从"（比如，用红色标志强调特价），也可能红色扰乱了我们的理性思考能力，会让我们产生更情绪化的反应。

另一种颜色视觉

很久以前，科学家就已经知道视杆细胞和视锥细胞作为感光细胞可以使我们识别事物。视杆细胞对光很敏感，在光照强度较低的条件下，识别物体完全依靠视杆细胞；然而视杆细胞并不能感知颜色，这就是为什么在夜里事物看起来大多是黑白的。视锥细胞分为三个类型，分别对蓝光、绿光和红光最敏感。对比来自这两种细胞的视觉输入信息能够让大脑计算出我们现在所看到的颜色。我们的每只眼睛大概有 12 亿个视杆细胞和 600 万个视锥细胞。

然而，20 世纪 90 年代晚期，科学家们发现了一种新型感光细胞。表达视黑素的视网膜神经节细胞对蓝光敏感，但是这些细胞并不能帮助我们产生有意识的视知觉，而是将信息传递到大脑的生物钟以及与情绪有关的脑域。与深夜或光照较少的冬天相比，清晨的日出或夏日的晴天都会导致激素的变化，在这些时候我们会感到更积极和有活力。

科学家曾经认为调节睡眠（觉醒节律）的只有光线强度或光照多少。然而，现有的证据似乎表明我们暴露于蓝光或者橘黄色的光也有影响。黄光在人类祖先的视觉世界里主要在日出或午后出现（这个时候他们通常更加活跃），因为这个时候太阳位置较低，在夜晚和正午时刻光线则偏蓝，这个时候他们或是在睡觉或是隐匿起来躲避强烈的紫外线。这可以解释为什么黄色和橘色的光让我们感到积极而又精力充沛（例如，经典的笑脸表情就是典型的黄色），而蓝色则让我们感到平静柔和。

大概有 8% 的男性和 0.5% 的女性是色盲。色盲有不同的形式，但最常见的一种色盲对由红和绿构成的颜色敏感度较低。这就意味着许多颜色色盲人群很难辨认。

在创造设计，尤其是需要对男性产生效果的设计时，需要特别注意颜色组合。网上可以找到一些色盲模拟器，上传图片以后就可以看到不同色盲人群眼中的图片了。

具身认知

有时，消费者抱怨产品"太轻"（iPhone 5 就受到了这样的批评）。这个意见可能很奇怪：为什么消费者会不喜欢重量较轻的物体呢？物体较轻就容易携带，这难道不应该是个优点吗？线索存在于这个词语中：重量轻。我们会用这个词来比喻价值较低或不太重要的人或事物。我们的大脑通常这样比喻来自因感觉和身体运动而产生的对世界的理解。心理学家称这种直觉性的思考为具身认知。

仔细考虑一下，依据此类感觉比喻得到有关品牌与产品的结论，这样的行为并不理性。毕竟，仅仅因为某个产品重量较轻就轻视它，这对实际决策过程没有任何帮助。然而，这也是一种决策捷径，是很多人大多数时候都有的一种无意识的反应。

不同的物理特性，比如寒冷、温暖、粗糙、光滑、轻重，都会让人产生相应的联想。苹果的产品和商店使用光滑的材料，可能是为了传递流畅与简捷的产品使用体验。

即使是与网站互动的动作也会产生具身认知联想。例如，在智能手机或平板电脑上将某物体滑向用户本人（即向下滑动屏幕）能够使人更喜欢这个物体，因为将物体移向自己代表接受它。

文字声音联想

许多文字的词根可以追溯到 8000 年前，它们的产生可能是基于文字的读音以及发音时嘴巴的形状。例如，open（张开）这个字中存在"pe"这个声音。紧闭双唇再张开的时候，嘴巴的动作产生的声音与这个词的意义就是相呼应的。

类似地，发"mei"这个音的时候，你的嘴唇就会形成微笑的形状，而这个声音就是词语"微笑"的词根。这可能就是许多词语最初形成的过程，这也使得这些词语符合人的直觉。从某种意义上说，这些史前的音节是具身认知的产物，因为这些音节将身体的动作与试图传达的信息进行了匹配。表 5–3 展示了一些古文字的发音，这些发音让现代词语更与人的直觉相符。

表 5–3 从声音意义到词语的进化过程

声音	意义	现代词语举例
Ak	迅速或锋利	Acrobat, acute, equine, acid
An	呼吸（有生命的）	Man, animated, animal
Em	购买	Emporium, premium
Kard	心脏	Cardiac, courage
Luh	闪耀	Lunar, lustre, luxury
Mal	肮脏的	Malady, malign, malaria, melancholy
Mei	微笑	Miracle, marvelous, smirk
Min	小的	Minimum, mite, minus
Prei	第一	Prize, praise, prime
Re	退后	Reverse, retro, rear, rescue
Spek	看到	Spectacles, inspector
War	守卫	Wardrobe, warden, beware

注意到某些声音产生的特定联想能够帮助挑选关键词语来引发情绪或意义联想。挑选重要词语（比如创造新的品牌或产品名称，或选择标题的词语）的设计师和营销人员应该：（1）考虑词语引发的情绪或意义联想；（2）注意发音时嘴巴和面部的移动。嘴巴是否形成了微笑的形状？双唇是紧闭的还是张开的？

感动启发法

启发法是决策过程中使用的捷径。在第 7 章中，我们会介绍更多启发法的例子，其中一个与情绪调动直接相关。感动启发法（the affect heuristic）是指人们有时用自己的感受作为做决策的捷径，即使严格来说这样做是不合理的。我们有时候会说某人跟着感觉走。这跟第 4 章提到的第一印象和晕轮效应有关。仅仅引发积极情感就能使人的决策过程产生偏误。

情绪刺激能够使决策产生偏差，然而我们意识不到这些情绪刺激。在一个实验中，被试坐在电脑屏幕前，一张微笑或皱眉的面孔或中性的形状图片以 1/250 秒的速度闪现——这么短的时间内图片只能在无意识水平上进行加工。接下来，实验将中文表意文字呈现给被试，并且要求被试回答对这些文字的喜爱程度。与皱眉的面孔和中性形状图片相比，人们更可能对笑脸图片之后出现的文字表现出偏好。

感动启发法强调了在设计中引发积极情绪的重要性，使用一些元素，比如微笑的面孔，更可能使人感觉良好。此外，展示人们与产品或服务的互动能够帮助调动情感。我们对于接触手部和面部的事物最敏感，因此展示某物与人的手或面部接触可能会触发感官因进引发情绪。

面孔

通过图片有效引发情绪最简单的方法之一就是利用面孔。大脑有专门的区域用来加工面孔，并且能够在 100 毫秒之内察觉到面孔所表达的情绪。大脑的视觉区对识别面孔非常敏感，以至于我们会看到实际上并不存在的面孔图像，这个现象称作空想性视错觉（facial pareidolia）。例如，在云朵或岩石纹路中看到面孔。对于任何对面孔识别敏感的系统来说，这个错觉可能都是不可避免的，在面孔识别软件中也存在空想性视错觉。

较大的面孔相比较小的面孔更能引发情绪。智能手机屏幕上的面部表情不太清晰。这也是为什么虽然人们很多时间都花费在手机屏幕上，但如果想要调动观众情绪，电视和影院的屏幕依然是播放广告最理想的地方。我做过的一个研究使用脑电图记录了被试对电视广告的反应，我发现观众对于面向摄像头的面孔表现出更高的情感参与度，当面孔偏离镜头时观众则会丧失兴趣。

1973 年，美国统计学家赫曼·切尔诺夫（Herman Chernoff）建议利用我们对面孔的敏感性来描绘数据。当想要描绘在平均值周围变动的数据时，切尔诺夫建议使用标准的面孔绘制图并改变一些特征，比如面孔和嘴巴的形状、眼睛之间的距离等。例如，不使用图表而通过改变卡通面孔的宽度或长度来表现数据的差异。

表情符号

表情符号是向象形文字的退化。一直到古希腊时代抽象的字母才被组织称为书写系统。在那之前，人类通常使用图片系统，比如埃及的象形文字。表情符号最初是在 20 世纪 90 年代由日本的一个手机供应商设计的。这个词本身就是日语中图片（e）和特征（moji）的组合。正因为人们很擅长识别面孔情绪，表情符号成了情绪表达最简便的方式，而不需要再去寻找恰当的词语表达信息的语气或背景。班戈大学的语言学教授薇薇安·埃文斯（Vyvyan Evans）认为表情符号是当今世界发展最快的语言。

恐怖谷理论

人类喜欢观看面孔，但是许多人看到人造面孔都会感到不舒服，比如电脑合成的面孔或机器人面孔。恐怖谷效应通常是由人造眼睛引发，这些眼睛看起来很冷酷而且毫无生气。我们在观看面孔时会毫不费力地加工许多信息，并且如果面孔存在任何不完美的地方，我们都能轻易地察觉出来。例如，如果讲话时面孔上半部缺乏运动，就会使整个面孔看起来很不自然。

电脑合成的图像通常会产生相似的效果。人们经常抱怨如今的特效电影反而不如 20 世纪 90 年代类似的电影。按理说，电脑图像和加工速度已经提升了，如今的特效看起来应该更好，但实际上它们反而降低了真实感和影响力。这可能是因为当电脑特效刚刚诞生时在电影制作中的应用有局限性，比如，电影《侏罗纪公园》(Jura- ssic Park) 将电脑合成的恐龙图像与真实的场景组合在一起。然而现在的特效技术不但可以合成恐龙，也可以合成背景。因此，在某些场景中，没有任何元素是"真实"的。虽然人们可能无法有意识地解释为什么某个场景看起来真实或不真实，但在无意识水平上，人们依然可以感觉到某些元素是虚假的。

神经电影分析师

欧内斯特·加雷特（Ernest Garrett）热衷于使用进化心理学解释到底是什么因素使电影成功或失败了。作为好莱坞成功的剧本挑选者，他数年来的责任就是阅读成千上万的剧本和小说并在其中找到最有潜力成为流行电影的小说和剧本。

他现在开设了一个很受欢迎的 YouTube 频道《大脑的故事》(Story Brain)，根据那些天生吸引的事物解释他的理论：

> 我们的大脑对于看起来不真实的视觉图像极其敏感，这在好莱坞电影界已经成了一个问题，因为越来越多的电影完全依靠电脑生成的图像。这也造成了如今奇怪的趋势，即观众认为近期的电影特效相比于 20 或 30 年前的更不可信。

> 在过去的年代，电影制作人能够用电脑生成的图像有限，因此他们倾向于将电脑生成的角色混入到真实的背景中。现在电影制作人甚至可以创造人造的背景，因此观众就注意到电影缺少真实世界的线索。即使艺术家成功地生成了人造图像，结果也可能会看起来太过完

美，因此显得造作。特效做得比较成功的老电影，其中一个例子就是《亲爱的，我把孩子缩小了》（*Honey，I Shrunk the Kids*）。在这部电影中，孩子们被缩成了蚂蚁大小。我们的大脑还没有进化到可以理解那个事物是如何运动的——在现实世界中，因为空气阻力，蚂蚁从高处落下并不会受伤。但是，我们的大脑进化到了能感受到较大尺寸的事物的重力与重量。那个电影的特效看起来很自然，因为它展示了很多日常生活中的重力作用，但是将这些现象放在了微缩的环境中。

欧内斯特·加雷特的一个视频——解释为什么过度使用电脑合成图像会使大脑感到不舒服——在 YouTube 上非常流行（获得了超过 100 万的点击量），有谣言称《星球大战 2》的导演也看到了这个视频。视频流行起来之后，J.J. 艾布斯（J.J. Abrams）在发布会上特意强调他的下一部星球大战电影不会过度依赖电脑合成图像。

可爱

动物和人类的进化历程使得新生儿看起来可爱并且讨人喜欢，这能确保我们会保护和抚养新生儿。那些刚出生较为弱小并且需要长时间养育的动物看起来很可爱（比如小狗、兔子或熊），但那些生下来就能独立生存的动物看起来则不那么可爱（比如鱼和昆虫）。

胖乎乎的四肢和大大的眼睛是可爱的两个特征。新生儿的头部与整个身体相比大得不成比例（与成年人相比），因此较大的头部，尤其是突出的额头、圆润的脸颊、柔软的皮肤和大大的眼睛都会让宝宝看起来很可爱。设计师和艺术家很久以前就已经开始利用这些可爱的元素设计吉祥物甚至是产品。汽车的前部与面孔构成相似，迷你汽车使用大的圆形前车灯模仿婴儿的大眼睛，使这些车看起来可爱友好，甚至弯曲的线条和光滑的表面都能引发友好和可爱的感觉。

拟人化设计

　　人类的视觉系统很擅长发现规律。实际上，有时视觉系统太过敏感，以至于在规律并不存在时也能察觉到规律。

　　我们尤其擅长识别人和面孔。比如，在第 2 章中，我们提到过约翰逊效应：我们能够清楚地看到人体的形状和动作，即使我们仅能看到人体上的一些白点。

　　拟人化图像能够为设计增添人格和情绪——增加友好元素或调动情绪。品牌使用拟人化创造吉祥物或角色来传递品牌特征，比如麦当劳叔叔（Ronald McDonald）或劲量兔子（Energizer bunny）。

弯曲和锋利的形状

　　人们通常在直觉上偏好曲线而不是锋利的、带有角度的设计。锋利的形状意味着这个物体可能会伤害到我们，因此大脑视觉区自然就会避免这些物体。例如，有研究给被试呈现了 140 组物品，比如手表、沙发、信件以及抽象的图形。每一组都是同一种物品，但是其中一个线条笔直，而另一个有更多的曲线。被试还看到了相同的中性图像——既非弯曲也非笔直。相对于中性图形，人们对弯曲的设计表现出显著的偏好，并且更不喜欢带棱角的图形。

在一个研究中，婴儿和成人通过电脑屏幕观看许多组简单的图，同时眼动追踪监控被试首先注视的图以及每一个图的注视时间。婴儿和成人都更倾向于注视锥形或弯曲的线条，而不是笔直的线条，成人的注视时间更长。接下来的研究同样让被试在观看图的同时用功能性核磁共振成像机扫描仪（fMRI）扫描他们的大脑。他们发现，与观看笔直的线条图形相比，人们观看弯曲／锥形形状时，大脑会产生特定模式的活动，类似的研究通过记录短尾猴的脑活动得到了相似的结论。人类和猴子的脑活动相似，以及婴儿和成人对弯曲／圆锥形状的偏好，证明这是相对原始、普遍的视觉大脑偏好，而不是人们在文化背景中习得的。在设计中，曲线更具亲和性，而锐利的角和锋利的尖刺会让人感到不友好。例如，麦当劳的拱形传递了舒服和温馨的感觉。

第 2 章提到的峰值效应可以在图像中有效引发感官体验。设计师需要考虑独特的视觉特征来引发感觉或情绪，并想办法进一步加强。例如，想要增加设计的友好度就需要在设计中添加夸张的曲线。

视觉显著度至少在一定程度上使我们倾向于优先注意到曲线和圆锥，然后才是直线。曲线或圆锥形更可能告诉我们一些有趣的信息，因此它们对我们的眼睛吸引力更大。

关键概念

多感官整合
大脑将不同感官来源的信息进行混合后创造出对眼前所见的完整理解。

联觉

一些人自然地意识到一种感官被另一种感官激活，比如在看到形状的同时感知到颜色。

具身认知

利用身体反馈影响思考，比如使用重量比喻更重要的事情。

感动启发法

决策捷径，人们依据感受而不是理性评估做决策。

然而，在现实世界中，设计除了弯曲度以外还包含其他元素。例如，设计是否对称或平衡——正如之前几章讲到的，以及观众的专业程度和视觉复杂度（例如，观众是否天性喜好艺术，上过艺术课等）。有实验比较了这些因素的影响，发现专业性低的人们更可能偏好曲线图形，而专业性更高的人在曲线和棱角图形之间没有显著的偏好。然而，重复实验却得出了相反的结论。可能因为我们还并不理解观众专业性和对棱角的偏好这两者之间的关联。然而，考虑到大部分人都不是专家，并且大部分设计都需要吸引"非专家"，因此最好还是相信大部分支持发现曲线偏好的研究结果。

看起来光滑婀娜的物体总会吸引并激发我们本能的欲望，使我们想要抚摸并拥抱／握住它们。比如，可口可乐经典的曲线玲珑的瓶子。正如设计师雷蒙德·洛维（Raymond Loewy）所描述的："即使当瓶身湿润冰冷时，它的双球体瓶身依然为手握提供了舒适友好的凹陷，让人感到舒适性感。"

除了有棱有角的形状以外，还有许多图像能够引发本能的反射性的情绪退缩。任何代表威胁的事物——令人害怕的动物、打碎玻璃等——都能降低设计的情感吸引力。这可能听起来比较愚蠢，但是我们并不想承认自己因为图像而扫兴，而且我们可能根本没有意识到情绪退缩。

本章小结

● 多感观整合是指多个感官通道，比如视觉和听觉，向大脑传递相同的信息。

● 字母、形状、数字，甚至是每周的日期都可以引发颜色联想。

● 有证据表明，人们普遍偏好"冷"色（如绿色和蓝色），而不是"暖"色（如红色和黄色）。

● 普遍来讲，相对于有棱有角的形状，人们更喜欢弯曲的形状。

● 设计中的面孔可以有效地调动情绪。

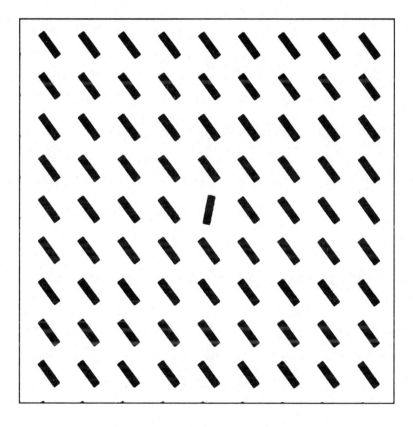

1967 年，迪士尼乐园开设了一个不对大众开放的秘密酒吧。这个酒吧很不同寻常，因为这是魔法王国中唯一一处可以买到酒的地方。华特·迪士尼本人最初不同意开这个酒吧，但是迫于通用电气（最初赞助迪士尼乐园的几大公司之一）的压力不得不同意。华特想要将幻想工程师为 1964 年的纽约世界博览会设计的元素融入迪士尼乐园中。作为赞助商，通用电气想要一个公司贵宾休息室，就像世界博览会上的休息室一样。最终，华特同意了修建"33 号酒吧"。

位于新奥尔良广场的 33 号酒吧隐藏在一扇不起眼的门后，大多数游客经过也不会注意到，酒吧好像被施了魔法以后藏起来了。普通游客不能进入这扇门，只有那些加入了五年期的候补名单并愿意花费了上万美元的人才有特权进入酒吧。

这扇门隐形的秘密在于它的颜色。迪士尼设计师创造了两种颜色，使公园内不太美观的元素在视觉上完全消失。他们称这两个颜色为"消失之绿"和"隐身之灰"。魔法乐园需要保持美丽与魅力，但是所有主题公园都有很多高楼和建筑，比如行政和设施建筑，看起来比较工业化并且很普通，而且高楼后侧也没有被童话般的色彩覆盖。利用合适的颜色就可以使这些乏善可陈的建筑完全隐身。

33 号酒吧并不丑，实际上酒吧内部继承了旧时代美国南部雍容华丽的装饰风格。迪士尼却并不想让它吸引人们的注意力。

设计师和艺术家一直以来都需要隐藏事物：毕加索和马蒂斯应国家海军当局的要求设计迷彩图案。然而，迪士尼设计师面对的挑战是隐藏主题公园的特定区域，这跟大多数设计作品的目的刚好相反：大部分作品想要吸引注意力。不论是在视觉竞争激烈的货架上摆放的产品包装，印在杂志上的广告，还是网页上重要的按钮，我们都需要理解为什么某些特征能够吸引更多的注意力。

如何决定注视位置

视觉系统是目前为止大脑内部被理解的最透彻的系统，神经科学家在模拟人们的注意过程这方面已经取得了很大进步。在大脑的所有功能中，视觉系统的电脑模拟可能是当今最先进和最现实的。视觉信息通过双眼进入大脑时，会同时发生两种加工过程。

其一，原始视觉元素——事物的颜色、轮廓、对比、亮度、动作和质地会被自下而上进行加工。大脑在识别出我们所见的事物之前，首先要解码基本的视觉特征。其二，大脑会马上进行自上而下的加工。我们开始根据记忆将我们所看到的进行归类。它可能是一张面孔、一辆车或是一个人。自上而下的信息加工越迅速，我们就能越快地理解视觉信息，也能帮助我们加工原始的视觉元素。例如，我们并不能总是在最理想、最清晰的状态下观看事物。如果灯光比较昏暗，或者事物本身的一部分被隐藏，我们可能就不能立刻识别出所看到的事物。我们能看到一系列线条、颜色和形状，但是它们是如何组合在一起的呢？大脑需要快速解决这个问题，不然我们就会因为搞不清楚看到了什么而一头雾水。如果自上而下的加工能够暗示这个事物可能是什么，那么将原始信息——形状轮廓、质地等——拼接在一起就变得更加容易了，就像在完整图片的帮助下完成拼图游戏。换句话说，自上而下的经历和记忆一直在与自下而上的原始信息的琐碎加工过程进行沟通。

自上而下的加工过程大体来说是自动进行的，并且是大脑里固有的过程。神经科学家称视觉加工的这个阶段为前注意阶段，因为这个阶段出现在我们完全注意并识别事物之前。

自上而下的过程与记忆、背景和目标有关（如图 6–1 所示）。

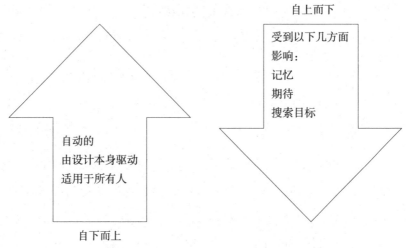

自上而下

受到以下几方面
影响：
记忆
期待
搜索目标

自动的
由设计本身驱动
适用于所有人

自下而上

图 6–1　自上而下 vs 自下而上的视觉加工

　　然而，大脑每次只能详细加工视野中一个区域的视觉信息。因为我们的眼睛只能产生小区域的高清视野，这个区域的周围清晰度都较低，所以无论何时我们都只能看到较小区域的细节。我们的眼睛能够进行一系列快速运动，或称扫视，这是为了理解眼前所见并且添加细节信息。

　　如果我们一次只能看到事物的某一个细节，就需要同时存在快速和自动的方式来决定优先注意的事物。例如，如果眼睛没有优先注意的区域，我们的注视模式就会是完全中立的，可能总会从左上方开始阅读，然后向右浏览过去，接着向下移动再重复相同的过程。但是，我们看东西的时候并不是这样的。相反，我们的大脑经过进化学会了优先注意移动的事物，因为这可能代表有潜在的威胁正在接近我们。如果某个事物与其所处的背景不同，就会因为这个差异而看起来很有趣。当然，这也可能是潜在的威胁，也可能是不同于树叶颜色的亮色浆果。这些都帮助塑造了我们的祖先——狩猎－采集者的大脑。

　　神经科学家称这种突出于背景的特质为"视觉显著性"。在 20 世纪 80 年代，两位在加州理工学院的神经科学家介绍了这个观点：我们的大脑会产生视觉显著地图。大脑依据周围的颜色、轮廓、阴影、亮度等持续绘制地图，接下来这些元素会被混合在一起，我们的视觉系统会去寻找那些看起来与周围环境不同的区域。可能因为它们在移动，或者颜色对比鲜明，或者看起来更亮丽。接下来，视觉系统会指示眼睛进一步注意这个区域的细节。视觉显著的事物会更早、更经常地被注意到，而且被注意的时间更长。

进化过程中的压力意味着动物需要持续监控环境中的威胁与机会。这在所有人中都是相同的，因它与由视觉皮层加工信息的机制相关。运动的物体尤其引人注目，而对于静止的图像来说，三个最重要的显著性特征是颜色（包括亮度）、图案（线条的方向）和大小。其他视觉特征也可以影响显著性，包括深度（或设计作品中暗示深度的线索）、形状、闪烁以及游标抵消（vernier offset，即两个或更多不同的线条或轮廓互相抵消的程度）。

为了使我们侦察到威胁（例如捕食者）或把握住机会（例如觅食，或从不同寻常中学到东西），这个过程需要快速自动地发生。试想一下，如果每一秒我们都需要花心思决定眼睛的注意对象，那会是一件多么辛苦的事。因此，视觉显著性的这个方面是通过系统 1 进行的，并且是自下而上的。

然而，当我们识别到自己感兴趣的事物，比如面孔或事物时，自上而下的过程也可以影响我们的显著性地图。这些事物的低级视觉特征可能跟周围环境相似，但是我们对这些事物内在的兴趣导致了它们的高显著性。此外，在寻找东西的时候，比如在超市中寻找可口可乐，自上而下的过程就会向自下而上的系统传递信号，使它对红色的事物更加敏感。最后，自上而下的加工过程对所有环境都有特定的期待。如果一个物品因为出乎我们的意料显得格格不入，它的视觉显著度就会很高。

相同的，自上而下的过程还可以抑制事物加工，即使这些事物从自下而上的视角来看是显著的。例如，如果我们集中注意力寻找特定颜色或形状的事物，比如在超市里寻找最喜欢的品牌，我们不喜欢的品牌的加工过程就会被抑制。因此，我们可能会忽视与之竞争的产品，虽然它自下而上的显著性较强。因此，在最近的一个著名的心理学实验中，一群人相互将篮球传给对方，其中大部分被试都没有注意到身穿大猩猩服装的人。试验要求被试集中注意计算身穿黑色T恤的人之间的传球次数。因为需要被试集中视觉注意力，所以这个任务相对较难，原本可以在视觉显著地图上突出的元素（比如身穿大猩猩服装的人）就会被抑制。

跟单纯曝光效应相似（见第3章），一些研究者创造了"单纯选择效应"这个名词来描述这个现象：如果顾客将全部注意力放在一个产品上，同时忽略或视觉上抑制了对其他产品的加工，那顾客就更可能选择这个产品。

设计或设计元素可以有高或低显著性，这取决于其周围的环境。例如，被放置在相同颜色的竞争产品之间的鲜红色包装设计并不会很明显。红色通常来说可能是很抢眼的颜色，但如果被放置在一堆红色的包装之间，红色就不那么引人注目了。

因此，仅仅是用颜色鲜亮、移动或不同寻常的设计并不意味着它会变得显著并且容易被注意到。这其实取决于观众的显著性地图。然而，如果设计善于理解并考虑到观众的背景与目标，那么设计的视觉显著性将发挥强大的作用。

暗示性运动

运动是能够快速吸引注意的视觉特征之一。人类祖先需要迅速注意到任何移动的事物，以防捕食者的攻击。然而，在创造静止图像的时候如何利用移动吸引注意呢？暗示性运动是神经设计领域的术语，指蕴含运动感觉的图

像。当图像中有明显移动的物体时，比如饮料从瓶子中被倒出，就能创造出暗示性运动效应。将图像向前倾斜也能在潜意识之中传递速度的概念。当人们快速行走或奔跑时，身体会前倾，但是这个艺术上的惯例也被应用到了其他对象，比如快速前行的卡通汽车图。词语识别也有类似效应。在识别运动速度很快的动物时，如果它们的名字是斜体的（即向前倾），比如 cheetah，被试的识别速度就会提高。甚至箭头也可以引发暗示性运动。加利福尼亚州的索尔克生物研究所的神经科学家发现，箭头图像能够激活侦测动作的神经元，即使这些箭头仅仅是静止图像。

视觉显著性的力量

前面讲到，当人们不愿意或不能通过权衡所有信息进行理性决策时，经常会利用思维捷径或启发式进行决策。例如，购物者在超市购买价格不高的商品、处于分心状态且在时间压力较大的情况下，购物者注视某件商品的时间越长，就越可能选择这件商品。这个效应独立于购物者本身对食物的喜好以及食物包装本身的吸引力（从美学角度讲）。典型的购物者没有时间细心审视所有的商品，因此，他们的显著性地图会影响购买决策。

一系列研究探索了视觉显著性对购买食物产品的影响。实验首先要求被试在由 1~15 的量表上对食物偏好进行评分，接着实验将一系列食物图片呈现给被试，被试需要从图片中选出最喜欢的食物。图片上的某个食品被研究者加亮以增加它的视觉显著度。图像呈现时间也有所不同，在 70~1500 毫秒之间。

实验发现，增加亮度显著影响了某食物在被试决策过程中的显著程度，尤其在图像快速呈现的时候。研究者接下来重复进行了实验，这次增加了被试的认知负荷，要求被试在做决策的同时完成一个额外任务。这是为了复制现实中购物者决策时的分心状态（例如与某人交谈或思考其他事情）。在这版实验中，视觉显著性的影响更强。实际上，当图片呈现时间仅为半秒时，视觉显著性能够使被试对食物的评价提高一分。即使是在图片呈现时间最长时（1500 毫秒），显著性的影响也依然存在。

这些研究发现，当人们快速做决策或正常决策时处于分心状态，视觉上更显著的设计更可能被选择。虽然大多数实验研究快速决策，但也有证据证明长时间注视后显著的包装设计效应也会存在。

显著性地图软件

学术界许多神经科学家都研发了软件算法来模仿人类的显著性地图。这些算法依据从灵长类动物的脑神经信号到人类被试的眼动追踪等许多信息来源。显著性地图软件将电子图片或视频按照单个像素进行分析，同时考虑到周围的像素。这类软件寻找低级视觉特征，比如颜色、亮度和线条方向，然后产生地形图来展示视觉最显著的区域。在几秒之内，用户就可以得到一张热图，暖色或冷色的图像区域代表吸引力最大或根据显著度来看最不吸引人的区域。与之相反的输出形式是雾图，将不显著的区域覆盖，仅仅使显著区域可见。

接下来，这些依据电脑算法得到的图像通过眼动追踪数据进行核实以确认人们的注视位置。然后研究者就可以改善算法程序，将颜色、亮度和方向的重要度进行调整，从而模仿人类对某些视野区域的偏好（比如，对视野上部或中部的偏好），或反映人们阅读文字或观看面孔（人类和动物面孔）。

研发这些算法的动力大部分来自帮助电脑像人类一样理解视觉世界。例如，在扫描图像中自动侦测肿瘤，帮助机器人通过环境导航，以及自动根据图像中最重要的物体来集中并修剪图像。

目前有一些算法已经具有商业用途，可以被设计师和市场营销人员使用。相对于 A/B 测试来说，这些算法提供了一种更快捷的方式来快速测试设计对人类的影响力。

与以上将食物的视觉显著度进行操纵的实验类似，另一个实验将一系列商店里零食货架的照片呈现给被试。在测试之前，被试在量表中对即将看到的食物进行评分，得分多少依据他们想要吃掉这些零食的强烈程度（实验要求被试在实验开始前三个小时不可以进食，以保证被试处于饥饿状态并且维持动机强度）。同样地，照片呈现速度相对较快（在 0.25~3 秒之间）。看完每一个货架展示（包含 28 个零食）之后，被试需要选择最想要的零食。

在做决策的同时，眼动追踪摄像机记录被试的眼动过程。食物的显著性并没有被修改，而是用显著性地图算法进行测量。首先，通过眼动追踪，实验发现被试每多看一个商品一秒钟，之后选择这件商品的可能性就会增加 20%。可能这并不令人吃惊，因为购物者的目光当然会在自己想要购买的商品上停留更久。然而，他们还发现，人们的优先注视点取决于食物的显著性，而不是他们对食物的偏好。他们还发现，显著性能够影响人们注视的位置。虽然人们对事物的喜好对决策的影响最大，但是事物本身的显著性也很重要。换句话说，在多件喜好程度相同的物品之中进行决策，人们倾向于选择视觉上更显著的物品。

使用显著性地图软件

使用显著性地图软件与眼动追踪研究相比花费更低，也更快捷。因此，使用软件是快速、重复测验的更实用的方法。例如，设计师能够检测改变设计元素带来的影响，比如改变颜色、形状、大小等来增加显著性。

典型的输出形式包括热图（图像的颜色覆盖，用暖色描绘高显著性区域）或者相反的方式：雾图（掩盖不显著的区域，使更显著的区域更容易被辨认）。雾图通常更容易理解，也更符合直觉，它能够让你清楚地看到高显著度的区域（通过用颜色覆盖，热图不但掩盖了原始图像的颜色，而且如果热图的颜色与图像本身的颜色相近，可能还会使整个地图显得混乱而使人困惑）。其他输出方式包括对图像显著部分的比例用数字评分，或对图像特定区域的物体进行评分。

有几种使用视觉显著地图软件的方法。第一，检测几种设计的相对显著性来测试是否某种设计更与众不同。第二，通过重复测试来优化设计的视觉效果。比如，想要使设计中某个元素引人注目，可以测试改变颜色、轮廓或字体对显著度的影响。第三，视觉显著性软件还可以被用来测试特定背景下设计可能产生的视觉影响。例如，货架上的产品包装设计、网页上的广告，或是印在杂志上的广告。这个过程中唯一需要注意的一点就是算法运行很刻板：它会分析输入图片的所有细节。然而，货架展示、网页和杂志种类繁多，因此需要产生不同版本的背景（货架、网页、杂志）来精确测量相应的显著性效果。

网页上的显著性地图

使物体在视觉上更显著的影响因素在网页设计中起到至关重要的作用，特别是当人们缺乏耐心或处于分心状态（网页用户通常都是这个状态）时。有研究利用视觉显著性模型（根据颜色亮度、对比度、物品的大小，以及与网页中心的距离）精确地预测了用户在网页上的注视位置。

显著性地图的概念可以被用于网页设计，引导用户去注意你最想要他们注意的位置；或确保不重要的元素不会吸引太多注意，以保证重要区域得到足够的注意。有的设计可能很美，但是视觉显著性较低，因而更可能被忽视。

虽然视觉显著性测试与眼动追踪相比更廉价、快捷，但需要注意的是从上到下的加工过程依然会影响用户的注视位置。因此，虽然视觉显著性比眼动追踪更方便，但并不能完全代替后者。正如之前提到的，食物、饮品或人类面孔能激起人们的兴趣（即使严格来说这个过程慢于自上而下的、前注意加工，见本章前面部分）。同样地，中心注意偏好普遍存在：当人们注视屏幕或橱窗时，更容易被放置在中心的物体吸引住，这个偏好在设计作品中也存在（例如，包装设计的中间相比周围区域会得到更多的注意）。例如，在一个眼动追踪研究中，人们被要求观看超过 1000 张图像，包括风景图和肖像图，研究发现被试 40% 的注视都发生在 11% 的图像中心区域。

网页用户对于特定元素在网页的位置也有自己的预期，这些预期来自网页设计的传统。例如，用户期待菜单出现在屏幕的顶端。这样的期待还可以影响用户的注视位置，根据用户的搜索目标而协助用户更快地找到需要的信息。然而，在网页上位置不固定的元素（因而用户并没有相应的期待）可以通过增强视觉显著性来吸引更多的注意。

用户的视觉入口点（在网页上开始视觉搜索的位置）会受到网页显著性地图的影响。这意味着视觉显著性也可以解决网站的可用性问题。通过提高关键设计元素或文字设计的显著性，可以使寻找菜单或协助浏览网页的关键信息变得更容易。

网页显著度需要考虑的一个问题是：是否应该使横幅广告更显著？网站的早期研究者注意到横幅广告倾向于被人们忽视，因此点击率较低（这个现象被称为横幅广告盲视）。理论解释是用户学会了辨认看起来像广告的元素（即使它们位于视野外围），然后忽略它们。使横幅广告更显著是否会适得其反呢？如果用户已经倾向于快速注意到设计中的广告元素，增加广告显著度会不会加速识别过程因而增强广告盲视？的确，增加广告的显著度会不会影响网页上其他信息的加工而惹恼用户呢？因为这些广告试图将用户的注意从他们想要加工的信息上转移到他们拒绝观看的信息上。对增加广告的视觉显著性的早期研究发现，这并不会产生上述副作用。然而，我们对与广告盲视和视觉显著性之间的交互作用还知之甚少，因此还需要测试不同显著性对横幅广告的影响。类似地，利用动画会增加用户的认知负荷从而导致视觉混乱，尤其是在动画周围的视觉环境已经很复杂的情况下。

设计师如何使用视觉显著性

如果设计作品需要在竞争激烈的环境中被注意、吸引注意，或者需要将注意吸引到某个设计元素上，视觉显著性都很重要。例如，图片的颜色特征能够通过调整来增加其视觉显著度。为需要引人注目的设计进行配色时，应该使用更多对比度强的颜色；需要在网页上突出显示的元素可以使用动画（比如波动或闪烁的效果）。

设计师可以尝试用显著性算法分析设计作品，也可以仅仅利用视觉显著性的理论。在使设计元素更显著的同时，设计师需要特别注意的是以下的"黄金三元素"。

- 颜色。设计中更加鲜亮、荧光的颜色，以及对比度强的颜色更可能在视觉上显著。设计中对比色越多，设计的显著性越高。
- 大小。设计中较大的物品（这可能理所当然）更可能被注意到，物品大小也会影响文字加工，细而小的字体相对于大而粗的字体来说更不显著。
- 图案。与环境格格不入的物体图案、与周围相比独树一帜的图形，或是对比度强的区域（图形相互重叠），这些都有很高的显著性。

即使自上而下的显著性可能是重要的，将自下而上的显著性最大化依然很重要。例如，如果你知道顾客正在根据某个设计元素寻找商品（例如颜色或者特别的标志），你就可以让这个元素更加显著，从而帮助顾客更容易找到需要的商品。

视觉显著性在产品设计研发中也尤其重要。图 6–2 显示，引人注目的设计能够帮助产品在竞争群体中脱颖而出。视觉显著性的雾图遮盖住了较不显著的包装，而突出了那些更显著的包装。

使用视觉显著性还需要考虑的一点就是，使设计显著的同时也要利用典型性带来的优势（有关典型性见第 3 章和第 4 章）。例如，在网页上考虑用户对元素所在位置的期待；如果你不能将相应元素放在用户期待的位置，就要考虑让这些元素更加显著。

设计整体并不一定要有很高的显著性，但设计一定要有焦点。例如，如果

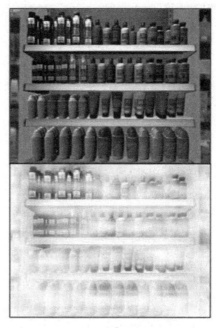

图 6–2　货架商品设计的模拟

注：显著性雾图显示出每一个包装的显著程度。

太多高显著度的元素分布在设计内部，就会使整个设计看起来混乱且复杂，并且观众可能不知道应该重点关注哪里。将显著元素集中在少数重要区域优于将其分散在很多区域。

最后，严格来说，视觉上显著的事物（在神经科学上来讲）是因为基本的视觉特征脱颖而出的。然而，也有自上而下的元素同样（大体上）可能快速吸引注意。例如，面孔——人类和动物，尤其是带有情绪的面孔，以及创造框架的设计元素。我们习惯上认为框架（不论是电视、绘画作品、镜子，还是电脑屏幕的外框）表示其内部包含我们所需的信息，在文字周围放置边框或类似的设计元素是将注意力集中在方框内的有效方法。

本章小结

- 视觉注意同时被自下而上（事物的视觉特征）以及自上而下（记忆、期待和搜索目标）的过程引导。

- 因为一次只能加工某个特定区域的细节，所以视觉系统需要决定优先加工的区域。为了实现这个目标，大脑自动生成了显著性地图，将显著的事物与其背景分离开来。

- 自下而上的图像特征能够使它视觉显著，尽管也会受到自上而下加工过程的影响。自下而上的加工对于所有人来说都是相同的，因此自下而上加工过程中显著的特征对所有人都是显著的。

- 根据神经科学研究，神经科学家创造了视觉显著性地图软件，这个软件可以分析任何电子图像或视频，并在几秒之内预测其中的哪些元素会吸引到注意力。

- 商店中视觉上显著的物品会更快被注意到、被注视更长时间并且更可能被购买。

几年前，插画师达伦·布朗（Derren Brown）在一档电视节目中表演了一个有趣的魔术。他邀请了两位广告创意人，给他们半小时的时间为一家虚构的动物标本公司创作海报广告。任务要求是，他们的设计需要包含公司名称、标志以及副标题。作为一名心灵感应魔术师，在两位创意人开始创作之前，达伦·布朗将含有他对两位创造者作品预测的信封封好放在他们面前。

　　当两位创意人将他们的设计展示给达伦·布朗时，发现跟布朗之前的预测完全一样。他预测设计中巨大的动物园大门会被设计成天堂之门的样子，一只熊坐在云朵上弹奏竖琴，作品名称为"生物天堂"（广告创意人称他们的作品为"动物天堂"），作品名字带有天使的翅膀，副标题为"逝去动物最好的去处"（广告创意人的副标题为"这是逝去动物最好的去处"）。他们自认为创造了真正有创造力的作品，但是布朗几乎准确地预测到了他们的创作。

　　布朗解释说，创意人乘坐出租车前往拍摄地点的路线是被精心设计过的，途中他们会看到特定的视觉元素。随着出租车沿着路开过去，布朗为他们准备了一系列视觉刺激。首先，出租车带他们经过伦敦动物园的大门。出租车停在十字路口时，一群孩子横穿马路，都身穿印有动物园大门的毛线衣。接着，出租车开过一个橱窗，上面有一些海报，其中两幅海报写道："逝去动物最好的去处。"还有一个黑板上面画有两对翅膀，翅膀下的文字是"生物天堂"。他们还经过了一个摆放着竖琴的商店橱窗。最后，当布朗将任务布置给创作者时，他背后有一头大熊。换句话说，创意人一路上看到了一系列图像和文字，而这些被启动过的图像和文字在创作过程中就会浮现在他们的脑海中。在创作海报的时候，他们并没有意识到文字和图片已经被有意地放在他们的大脑中了。

　　这对于理解现实生活中人们被图像影响的过程有什么启发吗？当然，考虑到布朗作为插画师的身份和电视节目的本质，我们不可能知道到底是否能完全相信布朗的解释。此外，这个情景在一定程度上是被精心设计的，对创意人的视觉刺激的控制和给他们的创作任务与日常生活相比更极端。然而，即使是在无意识的情况下，图像也能够影响我们，这个现象其实已经得到科学证据的支持。

启动效应

潜意识广告已经成为都市神话：电视广告快速闪现词语和图像——速度快得人们都意识不到，是为了像催眠一样让观众购买他们的产品。在 20 世纪五六十年代，有关潜意识广告的恐怖故事通过类似万斯·帕卡德（Vance Packard）所著的《隐形的说客》（*The Hilden Persuaders*）这样的书吸引了人们的注意。这些恐怖故事中许多都不是真的，但是故事传递的观念却让大众感到恐惧。

1974 年，联合国报告宣布潜意识广告是"对人权的最大威胁"。虽然没有证据证明威胁真的存在，但潜意识广告还是被列为违法行为。潜意识广告可能已经停止使用，但我们平时见到但没有有意识地注意的事物也经常会影响我们。

无意识思维通过优化过程产生最迅速的即时反应。做决策时，尤其是在做相对来说并不重要的决策时，我们更可能考虑到当下环境中的事物或者很容易出现在脑海中的事物，而不会去寻找额外的信息。这也就是启动过程如何影响我们的行为。正如第 3 章讲到的，启动就像是无意识的系统 1 作为个人助理，把所有有关文件拿出来协助执行人员做决策；但是刚刚遇到的事物会严重影响某物与决策的相关程度。研究发现，当某个概念（比如"粗鲁"）被启动时，人们更可能打断他人讲话，而跟"年长"相关的概念启动后会让人走得更慢。类似地，有关"奢华"或"节约"的概念被启动后，会分别让人购物时更加浪费或节俭。与达伦·布朗在电视节目中的绝技相似，这些人并没有意识到自己正在被一些想法影响着。然而，虽然布朗的把戏更具体（即看到一扇门会让人在作品中画出一扇门），但是这些研究证明启动效应也可以更广泛。广泛的概念（比如"粗鲁""年长"或"奢华"）都会启动被试相关的概念，从而影响被试行为。这显示了启动也可以引发大脑中与启动刺激相关的事物——比如，"年老"与走路较慢相关。

决策前或决策时看到的图像能够影响行为，并不需要理性说服。

罗伯特·西奥迪尼在《先发影响力》（*Pre-Suasion*）一书中举了一个很好的例子，用来说明背景是如何启动／影响我们对不同广告信息的接收程度的。他意识到人类有两种最强大的内驱力——保证安全和寻找生育伙伴。这两种内驱力会同时引发两种不同的行为策略：融入群体中，得到众人的支持（在数量上安全）；以及在人群中脱颖而出（为了在未来伴侣面前显得更有魅力）。如果这个想法是正确的，那就意味着处于恐惧状态的时候，我们可以被启动，更能接受那些强调要融入群体的信息；相反，如果我们处在浪漫的氛围中，就可能对强调要显得与众不同的信息表现出更高的接受度。罗伯特的实验结果验证了这些假设。用暴力电影启动恐惧情绪以后，人们对博物馆广告的反应更积极：这个广告强调合群，告诉人们每年有超过 100 万的游客来博物馆参观。观看浪漫电影以后，同样的广告并不能引发积极的反应，强调与众不同的广告反而有更大的影响力（这个广告对那些观看了恐怖电影的人来说无效）。

有时，言外之意与表面意义对我们同样重要。例如，我们习惯性地注意他人说话时的语气、面部表情和肢体语言。回答问题之前长时间的停顿可能比答案本身传递的信息更丰富。无论何时，信息被传递给我们时，我们不仅会分析信息本身，还会经常研究信息的形式和背后的原因。例如，网页上的一大段信息可能包含许多并没有多少用处的信息，但是撰写这大段文字付出的努力就会让读者感到安心。

说服并不总是有意识的

关于广告是如何说服观众的最早的模型之一（可以追溯到 19 世纪）就是 AIDA，它们是注意（attention）、兴趣（interest）、欲望（desire）以及行动

（action）的英文单词的缩写。换句话说，先要吸引观众的注意，接着引发兴趣。对信息的兴趣接下来一定要发展成欲望，最后当欲望被激发之后，观众就会开始行动并购买你的产品。

虽然这个模型包含情绪（即欲望），但它仍然是一个理性的、描述人类行为的模型。如今我们对人类行为和无意识的理解更深入了。AIDA 是一个相对有意识的模型：在 AIDA 的每一个步骤，理论上观众都能够告诉你他们所处的阶段。然而，正如前几章所讲的，说服的方法不止这一种。

- 显著性地图。在某种意义上，它与 AIDA 相似，因为这个方法也包括吸引注意。然而，它还包含的其他因素（低级的设计属性，比如颜色、对比度、亮度等）很大程度上都在无意识水平上运行，并且在这个过程中没有太多的理性说服元素。

- 加工流畅度。人们选择某物可能仅仅因为它的设计更简单、更容易加工。

- 第一印象。人们对设计的评估速度非常快，可以发生在一秒之内。这显然不是通过有意识的、理性说服的过程达到的结果。

- 感动启发法。仅仅将情绪带入某物就可以让人们对它产生偏好。这个过程并不理性。此外，人们看到信息以后产生的颜色或其他感观联想能够在无意识水平上激发欲望。

此外，如今的心理学家了解到不需要通过说服来改变人们的态度，从而引发特定的行为。以往的模型认为人们对品牌、产品或服务持有一定的态度或观点。如果这些态度是积极的，他们就会做出与态度一致的消费行为。又或者，这些态度是消极的，这时候就需要通过有意识的说服来让人们改变行为。然而，我们知道，在很多情况下，行为都先于态度出现。我们的行为背后可能有某些原因，比如设计的第一印象或加工流畅度在无意识中引发了某种行为，接着我们就改变态度使其与行为保持一致。我们愿意相信自己可以对行为施加有意识的控制，而且我们都想要让行为和态度保持一致。因此，在如此大的压力下，态度需要与行为保持一致，这样我们才能理解自己的行为。思想跟行为不一致会引发紧张感或不舒适感，驱使我们做出改变以减少不适感。心理学家称这个现象为认知失调。

强烈的态度更能预示行为，而较弱的态度更可能在行为的驱动下发生改变。在一个实验中，研究者测量了被试对慈善机构绿色空间（Greenspace）的态度。一周后，研究者邀请被试为绿色空间捐款。通过强烈的态度能够准确地预测捐款行为，而通过较弱的态度则不能预测行为。但是，如果态度较弱的人捐了款，那么他们的态度也会发生相应的改变。如果人们对某事的态度较弱，就会很难清楚地记得自己的态度，因此更可能会当场构建（新的）态度。

这与行为驱动情绪的过程相似。如果你感到情绪低落，那出去散步或运动能够改善情绪。正如心理学家威廉·詹姆斯（William James）在 19 世纪 90 年代所写的"一整天抑郁不乐地待在那里叹气，并且以沮丧的口气说话，那你的忧伤肯定会久久不散……想要打败低落的情绪状态，我们一定要……去经历那些我们想要激发的情绪所能引发的外在行为。"考虑到这一点，我们就知道试图通过态度预测人们的行为或让人们填写描述态度的问卷，都是有局限性的。

态度是对事物的倾向，比如，我们对特定的品牌或产品都存在积极或消极的态度。许多市场营销的观念都假设这些态度是理性思考的产物。例如，为了使消费者对产品产生积极的态度，需要说服他们相信产品的益处。然而，在如今大多数的成熟市场中，许多产品与其竞争者功能相同。因此，销售量的差异并不是由功能上的差异引起的。这就是设计元素发挥作用的地方：我们已经了解过设计是如何影响人们的能力的。对产品设计进行优化就足够使这个产品在同类产品中脱颖而出，即使产品的基本性能跟其他产品相似。例如，设计能让产品在视觉上更显著、更易加工，并且能引发恰当的感觉和情绪联想。

AIDA 模型导致误解的另一点是，人们通常认为说服在现实生活中意味着改变某个事物。要想显著地改变行为必须从转变态度开始，这个过程就需要付出很多努力。就像如果你不得不移动一块巨石，就要用很大的力气才能完成这个任务。这就会将市场营销人员引入歧途，采用过分复杂和昂贵的营销策略。

例如，想象你受到环保慈善机构的委托帮助环保行为（比如回收）。从 AIDA 的角度来看，你首先要改变人们的态度。

你可能会先试图说服人们相信不环保的行为会对环境造成巨大影响；你可能试图向他们解释科学研究的发现，或者如果人类不改变行为那么未来环境将来会变得如何恶化的模型与推论。然而，另一个更聪明的办法可能是，寻找直接改变行为的方法，比如让回收站更容易被找到，并且提高它们的视觉显著性。

以退休金为例。在发达国家，许多人并不会为退休以后的生活而存钱。传统的 AIDA 解决办法可能是这样的：通过改变态度来说服人们学会存钱。这就需要向人们展示事实和数字。图表也很有说服力，可以解释数据、投资计划，模拟一个人需要存多少钱，等等。然而，从无意识思维的角度思考，我们可能会采取完全不同的方法。这包含一些尚待介绍的概念，因此我想要在这个问题上暂停一下，稍后再回顾这个问题，看看你是否能够想出更好的策略。

喜欢 VS 渴望

大脑对美的度量引发了一个重要的问题：人们喜欢观看的事物并不都是美丽的。我们能够识别并欣赏图片颇具艺术价值，然而图片本身并不需要是美的。类似地，我们有时也很享受观看某物而并不想要拥有它。心理学家称这个现象为毫无私欲的兴趣（disinterested interest）。

大脑对于喜欢和想要有两个独立的系统，每个系统都包含独特的神经通路和神经递质。例如，渴望系统的神经递质是多巴胺，而喜欢系统则包含阿片和内源性大麻素。多巴胺经常被错误地认为是一种愉快时产生的化学物质（在 20 世纪 80 年代神经科学家曾这样认为）；实际上，多巴胺的实际作用是驱动欲望的产生。激活渴望系统（欲望或渴望）比激活喜欢系统（愉悦）更容易。神经科学家肯特·贝里奇（Kent Berridge）是发现这两个独立系统的先驱，他表示："激发强烈的欲望很容易——大规模、强大的系统都可以激发欲望。欲望可以跟愉悦感一起产生，也可以独自出现。引发愉悦感则并不容易。这可能解释了为什么人生中强烈的愉悦感跟强烈的欲望相比，发生次数更少，也更难持续。"

虽然询问某人是否喜好某物很容易，但这并不意味着人们的态度会引发购买行为。例如，在一个研究中，一群青少年在听到新发行的流行音乐的同时，脑活动被 fMRI 记录。研究者让这些青少年在量表上对每一首歌评分。在所有音乐已经发行并且销售数据都已经收集完毕之后，研究者发现大脑活动在一定程度上能够预测购买某首歌曲，尤其是那些并不成功的歌曲的人数，但是青少年"喜欢"的回答并不能预测歌曲的销售量。

行为经济学：决策捷径

行为经济学是一个相对较新的领域，它将心理学知识应用于经济决策。传统的理性模型假设，人们会在心里计算产品的潜在收益、产品的成本、容量等，确保在消费过程中最大化收益——就像消费者的大脑里有一个会计师。虽然我们偶尔会进行这样的计算，但是通常来说我们并没有时间或精力对所有可能的选择进行详细彻底的分析；相反，我们会使用思维捷径，比如我们对选择的直觉。行为经济学研究的就是这些捷径。

就像之前提到的，采用理性／AIDA思维方式的市场营销人员通常会认为他们需要花费很多精力，用逻辑说服某人相信产品或服务的益处。然而，行为经济学考虑到人们通常使用思维捷径做决策，因此能够提供相对迅速和简单的解决方案。

通常来说，行为改变的关键是要移除障碍。我们避免做某件事通常是因为它需要我们付出的努力太多。不仅指身体上的努力（比如去健身），还有精神上的努力。做出主要决策之前还有许多子决策，或者是有太多的表格需要填写，抑或是步骤太烦琐。

妨碍人们购买行为的障碍主要有以下三种。

- 风险。进化过程赋予了大脑对风险的厌恶。对于人类祖先来说，风险可能会使他们丧失生命。不规避免风险的行为成本过高。因此，我们对风险非常敏感，即使我们非常想要拥有某物，如果有任何风险存在，我们也可能会放弃它。
- 不确定性。哪怕购买行为仅仅存在一丝不确定性，也可能会阻止人们做出购买行为。如果有人寄钱出去，他们是否能得到收据和证明？他们能否知道钱要多久才能被寄到？
- 困难。正如第3章讲到的，让设计简明易懂是一个有效的技巧。人们通常会躲避需要努力思考的任务，不论这些任务确实是困难的，还是仅仅是需要很多步骤才能完成。例如，通常来说，仅仅通过减少下单过程或表格填写过程所遇到的困难就能成功"说服"新顾客。

"我已经阅读并理解了所有项目和条款"可能是当今世界出现最频繁的谎言。网站上通常会有长篇的法律文字，要求用户阅读并理解这些条款实际上是不合理的。当然，这些文字的存在是出于法律原因，但是在我看来，这些文字意味着公司遵守了法律但是并没有遵循人们思考的方式。

改善网站效率很大程度上取决于表格设计。大多数人并不享受填写表格的过程，因为很乏味，而且人们对于提供个人信息这种行为有着不同水平的抵抗性（例如，出于隐私考虑，或者他们担心自己会收到很多垃圾邮件或信息）。

还有一个障碍就是愧疚，移除这个障碍有助于购买行为的发生。很多人的预算都很紧张，任何不够谨慎的花销（比如购买小点心）都会引起愧疚感。有什么方法能够减少愧疚感呢？

行为经济学中一个主要的研究领域就是发现决策过程中无意识的思维捷径或经验法则。这些都可以被称作启发式。

启发式的例子

心理可得性

与启动效应相似，在选择或做出决策时，可用的信息对我们的影响极大。例如，周围可见的事物，或轻易进入脑海的信息。有人会记录每天摄入的卡路里数，而大多数人并不知道自己每天或每周摄入的卡路里数。因此，在做决策时，这类信息对我们来说就是不可得的。我们只要付出一点努力就可以得到卡路里的信息，但是大部分人并不会去努力。然而，如果超市收银处或网上的杂货店统计我们每周购买的食物，并将总卡路里数（可能还有脂肪和糖的含量）告诉我们，我们就能得到相关的信息，而这些信息可能会对行为产生影响（即我们可能会决定购买更健康的食物）。

可得性启发可以解释为什么我们不擅长评估并根据概率行动。例如，相对于死于心脏病，人们更恐惧在坠机事件或类似灾难中丧生。这是因为诸如坠机的图片比有关心脏病的图片在大脑中出现的概率更大。心脏病更抽象，并且不能自然转换成清晰的心理图像。一个想法在心理上的可得性越大，跟它相关的结果就貌似更可能出现。

许多国家，比如澳大利亚、法国和英国，目前都对香烟的销售方式采取了严格的控制。例如，不允许其出现在商店中能直接被顾客看到的地方（需要放置在屏幕后），甚至将所有香烟包装上的品牌和设计都去掉。这些做法限制甚至摧毁了香烟的心理可得性。再认信息比回忆信息更加容易。仅仅是看到品牌设计，都可能让消费者想起香烟然后到柜台购买。香烟包装上的设计元素同时也是记忆的线索：记忆品牌的方式有很多，可以是颜色、形状或品牌名称的形状和字体。将这些线索移除以后，人们回忆起这个品牌的能力就会变差。

设计能够增加你想让顾客思考的概念的心理可得性。

- 如果你试图传递一个抽象的想法，思考一下如何将这个想法视觉化。例如，可以通过展示堵塞的动脉来表现心脏病。通过切除物体的一部分来揭示事物内在的结构，这种方法也很有效。或者，如果概念实在太抽象，那么能不能创造信息图来解释这个概念呢？又或者，能不能想出一个强有力的视觉隐喻帮助人们瞬间理解这个概念呢？

- 你的品牌、产品或服务能够在人们的脑海中引发相应的图像吗？这个图像在视觉上是否令人记忆深刻呢？

- 你能否使用多感官整合（见第5章）帮助你的品牌特征给人留下深刻的印象呢？

- 将用户的数据反馈给他们能够为他们此后的决策提供信息，从而影响用户的行为。例如，在过去一年里，用户在你的网站上购物所节省的钱数，或者是用户使用特定服务次数的信息。

锚定与框架

在做决策时，我们通常会面对一组决定或选项，即我们所考虑的其他选项。有一些选择可能很快就被摒弃掉，比如，有些产品对于我们来说可能太贵了。但是这些产品存在本身就足够改变我们（对选项）的知觉。数千年前的市场交易者就已经知道，给消费者展示一个更贵的产品能够使之前的选择看起来更合理：

- 提供相关的、个性化的选项对比展示产品／服务的价值；
- 你能否在视觉上描绘你的产品，使这个产品在一组选项中脱颖而出？
- 如果你提供的产品是此类产品中比较贵的选项，那么你能否说明你的产品／服务相对于不同的种类中更贵的选项来说是个很好的替代品？例如，运动装备或可携带的健康追踪器与购买健身会员和请私人教练相比。

双曲贴现和损失厌恶

双曲贴现（hyperbolic discounting）是指，相对于未来，人们倾向于珍视当下的愉悦和回报。一旦人们拥有了某个事物，就更可能珍惜它。

如果我们的鞋子大小不合适，但是收据已经丢掉了，那扔掉鞋子这种做法可能会让我们觉得不舒服。那种感觉就像是扔掉了与鞋子等价的现金。相比之下，把没穿过的鞋子束之高阁，人们可能会觉得更开心。几年之后，人们可能会在某个架子上或是衣橱的角落里发现这双鞋子。现在，它们看起来旧旧的，不值新买时的价钱了，此时扔掉它们就不会感到那么心痛了。但是，如果仔细想想就会发现，其实这个过程并不理性。两种情况下的结果相同，但是一种做法比另一种更让人感到舒服。

此外，相对于收益的机会，人们对损失更敏感。损失厌恶能够解释为什么免费试用这个策略总是很成功。如果人们曾是某服务场所的会员或曾经拥有过某个产品（虽然只是暂时的），相对于从未接触过的情况，人们更可能会珍视这项服务或这个商品。因此，人们更可能想要继续拥有它。

与损失厌恶相关，人们对负面概念比对积极概念更敏感。伦敦大学学院的尼利·拉维（Nilli Lavie）教授说道："当我们看到有人拿着刀向我们跑来或者在雾天或雨天开车时看到了标有'危险'的警示牌，都没有时间等待去执行有意识的行为。"负面的词语能产生更迅速的影响——"杀掉你的速度"应该比"减速"更有效。

如果人们不想要购买你的产品／服务，就可以计算这样做的损失风险并告知他们。

社会认同

如果看到他人在做某件事，那我们对其中风险和不确定性的担忧就会立刻减少。跟随他人行动是决策的捷径。为了让自己感到更安全，人类在进化中一直使用的策略就是将自己融入人群中。

让人们了解其他与他们相似的人也使用过产品或服务，或者让人们了解与就可以相似的人使用产品或服务的反馈，这些都能够帮助建立起社会认同感。比如，告诉他们过去一年里在这座城市中，你已经为多少顾客提供过令人满意的服务，或是其他人认为有用的产品或服务。

公平与互利

这可能并不是一条启动途径，而是与他人互动的方式，即我们期待互动是公平和均衡的。在一段时间以后，我们与公司的互动可能会变得与人际关系相似，因此我们会将与个人关系有关的期待带入这个情景中。假设一直以来我们都忠于某个特定的品牌或公司，如果这个品牌或公司以不公平的方式对待我们，我们就会感到愤怒。作为忠实顾客，被当作新顾客或普通顾客会让我们感到不愉快。

回看退休金挑战

现在，我们可以看一下行为经济学为人们提供的使决策过程变得更容易的技巧。考虑一下大多数退休金服务的特征。

- 这些服务都要求我们现在为以后才能得到的利益花费金钱。
- 几乎所有退休金的手续都需要填写很多表格以及阅读复杂的法律和金融文书。
- 每次将一笔钱放入退休金的账户，你并不会收到即时的反馈告知你那笔钱已经汇入账户，换句话说，这个过程有一定的不确定性。
- 建立退休计划以后，汇入单笔款项的过程会很复杂。每一次你想汇款的时候，都需要记住整个过程：你需要先取回密码、用户名或退休金账号，找到提供商的电话或账号，在网上银行完成电子汇款，或者更糟糕的情况是需要去寻找地址才能寄支票过去。
- 最后，除了你可能需要一直整理的文书，你的退休金服务在日常生活中几乎是隐形的。没有任何可见的事物能让你想到这项服务。因此，也就眼不见、心不烦了。

考虑一下这些特征，花些时间考虑神经设计和行为经济学的原则，怎样才能让退休金服务与无意识的偏好更匹配。

将向退休金账户汇款的过程变得快捷、有趣且方便

许多人习惯在智能手机上获取服务，并且期待应用程序简单有趣。创造一个退休金手机应用就是简化汇款程序的好方法。目前，在许多退休金服务中，人们都要付出大量努力（即他们需要在文件中寻找有关退休金的细节信息，有关如何将钱汇入账户，接着他们可能还要打电话，登录网上银行，甚至是邮寄支票）；

相反，手机应用能够通过一两次点击就完成这些步骤。手机应用的另一个优点就是，它很容易使用。我们去哪里都会带着手机——手机从未离我们太远。

手机应用上的图标可以持续提醒我们养老金服务的存在：这样养老金就不会像被放在抽屉里的表格和文书一样从我们的意识之中消失了。退休金的手机应用还需要改变我们对缴纳养老金这个行为的知觉。目前，缴纳过程中需要付出的努力意味着，只有当我们有很大一笔账需要付的时候，我们才更可能去这样做。智能手机降低了汇款难度，意味着人们更倾向于汇出数目较小的金额，但次数较为频繁。

应用还提供了即时反馈的可能性，告知用户有一笔钱汇入了退休金，并且同时提供快速查询退休金账户余额的服务。如果能够快捷并容易地提供这些信息，这个过程就能轻易地去除不确定性带来的痛苦。

这里是根据本章之前提到的概念提出的一些建议。

- 加工流畅度：

  - 保证法律和财务信息能够被翻译成容易理解的文字（当然要在退休金提供者的法律限制之内）；
  - 使用信息图说明不同的退休金的财务模型，比如风险和长期的收益可能。

- 第一印象：

  - 许多人对退休金已有的联想是负面的，因此需要将你的退休金服务与竞争者区分开来。人们与你的服务的第一次接触——无论是广告、网站还是宣传页（如银行里的宣传页）——应该立刻给顾客留下简约、容易的第一印象；
  - 大多数退休金文件和网站看起来都是复杂且无聊的。让这些文件和网站变得更简约且美观吧。

- 视觉显著性：

- 大多数退休金网页和文件包含很多信息，但是有的信息比其他信息更重要。通过增加这些信息的视觉显著性，帮助用户理解哪些信息的重要性较高，或者应该认真阅读哪些信息。

● 多感官刺激：

- 在与用户的交流中让多个感官参与进来。例如，手机应用能够快速交纳退休金，可以在付款成功后显示动画和声音，或许还可以让手机震动。双曲点线启发会让人厌恶退休金服务：为了获得未来的收益，需要牺牲现在（我们需要将一笔钱存入退休金账户）而现在使用这些钱的话能立刻得到收益。在这个投资过程中，加入很少的收益也有助于减弱这个障碍对人们行为的影响。

有一些退休金提供者可能会使用某些技巧，但是在写下这些文字的时候，我认为没有人完全利用过所有技巧。当然，你的工作可能跟市场营销或退休计划无关。然而，以上仅仅是一个例子，用来说明神经设计和行为经济学如何彻底改变人们与服务互动的方式。

视觉助推

助推是指用来影响或引发行为的简单、迅速的技巧。助推的一个重要特征就是它不是强迫性的。它并不是简单地通过剔除其他选项来强迫行为发生，或者通过施加惩罚纠正不理想的行为；相反，它促使并引发理想的行为方式。

助推可以是视觉的。例如，牙膏品牌高露洁发现提醒孩子吃过甜食以后刷牙的传统宣传方式并没有效果。虽然宣传的信息能够被理解，但很快就会被遗忘。在关键时刻（即在吃过甜食以后），人们想不到这个信息。高露洁与一个冰激凌品牌合作创造了一个巧妙的视觉助推：冰激凌中心的木棒被设计成牙刷的样子，这就以幽默的方式在关键时刻起到了提醒的作用。

驾驶也是一个很好的例子，可以用来解释视觉助推的应用。驾驶过程是系统1所负责的活动：驾驶过程中的很多行为都是自动的。司机需要快速思考并做出反应，不良驾驶的后果很严重。司机在系统1的提示下可以使用路牌，如限速标志。与人互动的路牌能够根据驾驶是否超速显示微笑或皱眉的面孔，这个方法能有效地让司机减慢驾驶速度。

食物产品上的交通灯标志是另一种积极的视觉助推。这些标志将营养信息从数字转换成颜色编码的圆圈，就像道路上的交通灯。实验发现，利用四种颜色以及在设计中使用人物形象都能有效地传递营养信息。

关键概念

启动

仅仅看到（或经历）某个事物都会让信息更容易进入大脑，从而影响我们的决策和行为。

喜欢 vs 渴望

大脑对喜欢和渴望的加工过程是分开的。渴望系统更广泛，也更容易被激发。

行为经济学

这个领域研究我们如何根据系统1的心理捷径或启发完成经济决策。

视觉助推

图像可以在我们没有意识到的情况下启动和影响我们，而不是强迫行为改变。

创造并测试说服性图片和助推

人们在公园里，往往会沿着铺好的小路行走。然而，在草地上常常会出现一些因为人们不断踩踏而形成的小路。

这告诉了我们两个道理：第一，铺好的道路作为视觉线索能够发出强大的信号，告诉人们应该向哪里走；第二，当铺好的道路并不能引导人们到达他们想要去的地方时，人们就会创造自己的路。

测试行为经济学的技巧和助推的效果很重要。铺好路，然后观察人们是否会在上面行走。在网上这样做更容易也更迅速，可以使用 A/B 测试：一些人看到某张图片，另一些人看到另一张图片，你可以测量哪一张图片更有说服力。

然而，启发法可以被用来创造有说服力的图像和助推方法（如果你搜"行为经济学启发"，就可以在网上找到更多的清单），也可以用来研究观众或用户的偏好，获得很多有用的信息（他们在草地上自己走出的路），或者考虑在哪些情况下用户的行为方式跟你想要引发的行为一致。在这些情景下，已经存在的视觉线索有哪些？视觉影响通常是为行为建立背景而不是进行理性说服。

本章小结

- 说服并不总是有意识的和理性的。目前很多市场营销者的思考模型——AIDA模型，已经过时了，而且这个模型并没有考虑到说服他人的无意识的捷径。

- 认知失调现象解释了为什么有时候行为可以影响态度（而不是相反的过程，传统上人们期待态度影响行为）。

- 行为经济学使用心理学知识模拟人们的经济决策，通常通过无意识的心理捷径或启发法。

- 与努力进行理性说服相反，行为经济学的方法通常包含"助推"，即简单的刺激来引发理想的行为。

- 一些最重要的启发法包括：可得性启发（最容易想到的信息对决策和判断的影响最大）；锚定和框架效应（对比能够影响决策）；损失厌恶（相对于收益的机会，我们对损失的恐惧更敏感）；社会认可（用他人的期待引导自己的行为）；互利（如果他人为我们做了某些事，我们也要为他人做些事才能觉得公平）。

深度分割动态图是近年来出现在网络上的更有趣的图像技巧。利用三个分开的方框使简单的动画图像在普通屏幕上创造出令人惊讶的三维效果。例如，在一个效果很好的深度分割动态图中，一只卡通狗从左向右跑过去，从左到右依次经过每一个方框，看起来就像是从方框右侧跑出去，经过白色的边框，然后经过图像下的一些文字，最后进入另一个方框。

这些动画利用了一些线索，我们通常用这些线索评估眼前所见的是 2D 图像还是 3D 图像。动画内部的事物通常从焦点之外（背景）逐渐移动成为焦点（看起来它们好像在朝我们移动）。当然，这些通常是视频，如果仅仅是这些事物本身是不能创造 3D 效果的。

第二个技巧更加巧妙。图片通常被白色的、平行的线条分割成三等分。这些线条为图像创造了额外的边框。我们的大脑（习惯于图像保持在一个框架内）会瞬间因为图像穿越了边界而感到吃惊，因此产生轻微的 3D 效果。在以上提到的动画狗的例子中，小狗跑过图像下方的标题加强了 3D 特效。我们通常认为图像或动画下方的标题并不是图像的一部分，这就进一步强化了观众的印象：这只狗从图像中跑出去了。我们可以通过图 8-1 了解深度分割动态图。

 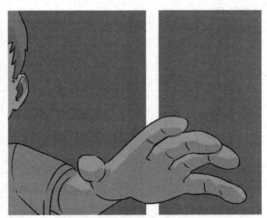

图 8-1　深度分割图像的例子

框架是提醒我们看向框架内部的信号。不论是窗户框架、画框还是屏幕周围的框架，它们都引导我们看向内部。然而，我们也知道大多数框架向我们展示的都是不真实的或是仿真的。这意味着框架能够吸引我们的注意力，也能拉开我们与眼前所见事物的距离。框架或其他边界（有时被称为"手持设备"）能够吸引我们的注意，但是有选择性地将某个设计元素穿破屏幕也能让设计看起来更有活力，就像是它从人工世界闯入了现实中。

框架也可以被用于强化视觉显著性。框架能够增强图像内部的对比度。例如，某个颜色的框架被放在不同颜色的背景中，就能创造出一个对比区域，吸引人们看向你希望他们注意的地方。正如在第 6 章讲到的，高对比度的区域在视觉上更显著，因此更可能被注意到。

当然，当今世界最普遍的框架是电脑和移动设备的屏幕。它们前所未有地支配了我们的注意。我们清醒时间的四分之一都花费在电子屏幕上。我们已经习惯于观看多种屏幕：电视、平板电脑、智能手机、手提电脑等。我们的眼睛经常从一个屏幕转向另一个屏幕，比如看电视的同时在智能手机上浏览网页。

2014 年的一项研究记录了 30 个发达国家中人们每天花费在不同屏幕上的时间。其中 16 个国家，包括英国、美国和中国，人们每天花费在屏幕上的时间为 6.5 小时——这占据了人们绝大部分清醒时间。这些时间的构成如下。

- 智能手机：2~3 小时。
- 手提电脑／个人电脑：2 小时左右。
- 电视：1.5~2 小时。
- 平板电脑：0.5~2 小时。

在我们的生活中，电视曾经是屏幕之王，如今已降至第三位。即使是在看电视的时候，人们也会同时使用另一个屏幕，比如智能手机或平板电脑。

人们更多的是在观看互动设备，而不是被动地看电视。因此，在与屏幕的关系中，人们占主导地位，经常需要决定注视位置（比如在网页上）以及在网页不符合期待时迅速点击离开。

通常来说，处于控制地位意味着我们可以迅速离开不能立刻引发兴趣的事物，或者离开吸引力不足的屏幕：我们的眼睛在两个屏幕之间跳跃，比如电视和移动设备。网络用户的注意维持时间已经很短，多屏幕会使注意广度进一步缩短。同时使用多个屏幕会将我们有限的注意分割。心理学家称我们的注意广度为"工作记忆"，每次仅能记忆 3~5 组信息。我们在屏幕之间转换注意就会导致注意力被削弱。这就迫使屏幕图像要尽可能吸引人并创造出令人身临其境之感。

屏幕内容的设计有自己的特点。人们使用屏幕观看或与屏幕互动的方式跟现实生活中的互动有所不同。我们在屏幕上会运用不同的阅读方式，隐藏在屏幕背后的行为面对的社会抑制更少，而且根据事物被展示在屏幕上的方式，我们分配给每个事物的注意也会有所不同。

在屏幕上阅读更困难

数十年来，专家们一直在预测无纸化办公的诞生。随着电子屏幕大小变大、质量提高以及价格降低，人们不再想要或是需要打印那么多文件。或许有些人期待无纸化时代的到来。然而，虽然使用屏幕的规模空前，但是纸张仍然没有被遗弃。

即使有了移动平板电脑，许多人依然喜欢打印以后在纸上阅读。例如，相比电子书，很多人仍然喜欢阅读纸质书籍。有趣的是，对纸制品的偏好可能不仅仅是因为怀念印刷文字的魅力：有证据证明，与在电子屏幕上阅读相比，在纸上阅读更容易获取信息。

屏幕图像的清晰度和质量显然有所提高，如今很多屏幕的清晰度是前所未有的。此外，电子书使用的电子墨水使屏幕文字与印刷文字看起来相似。然而，与高清晰度的屏幕相比，纸张依然具有一定优势。

相对于在印刷作品上阅读，人们在屏幕上阅读和观看更容易分心。显然，在大多数设备上始终存在的诱惑就是离开当前网页去浏览其他内容，或者点开游戏或应用；相反，阅读纸书是一个需要精神集中的活动。纸书更适合于深度阅读：全神贯注于一系列论点和论据并且认真思考。

同样地，阅读电脑网页或文件时我们需要不停地向下滑动屏幕。我们不得不使用鼠标或键盘将页面向下移动，在页面向下移动的时候文字也在运动，因此我们需要重新调整我们的眼睛。这些动作可能看起来简单容易，但是这个过程其实消耗了一定量的心理资源。心理学家埃里克·威斯伦（Erik Wästlund）研究了屏幕上的阅读行为，他认为间歇的打扰会打断短期记忆中的信息流，从而为阅读带来负面影响。我们阅读的时候，为了理解概念中的逻辑，需要将它们存储在短期记忆中并将彼此联系在一起。我们需要理解每一句话，然后将这句话与前一句话、前一段联系起来以建立整体结构。

向下滚动屏幕对阅读过程的打扰比翻阅书籍造成的打扰更大。在使用电子阅读设备阅读时，因为没有触觉反馈，所以我们不清楚自己读到书的哪个部分了。电子阅读设备上的进度条试图补偿这个缺陷，然而进度条并不符合我们的习惯。屏幕更适合用来阅读和扫视，不适合深度的、字斟句酌的阅读。

考虑到网上阅读比纸上阅读更难，而且网络用户更多变且缺乏耐心，网页上的很多文字被完全忽略的情况也就不足为奇了意外。网页分析公司 Chartbeat 积累了很多经验，测量人们阅读新故事或文章时会多大程度地向下滑动页面。典型的情况是 10 个人中有 4 个人会立刻离开网页，大多数人仅仅会阅读文章的 60%。

有趣的是，他们发现，没有完整阅读并不能阻挡用户分享文章：阅读次数最多的文章跟在 Twitter 上被转发次数最多的文章之间并没有关系。许多人并没有读完文章就分享了（想必点击分享链接的人也不会完整阅读文章）。

这并不是一定要让文章简明扼要的原因——仅仅需要注意到之前提到的吸引注意和传递信息这两点。设计和图像能够弥补被削弱的注意力。很重要的一件事就是，要尽可能直观、简易地传递尽可能多的信息。记住，人们在屏幕上阅读时的注意力通常是分散的，而且仅仅是在浏览。第 3 章提到的技巧在这里可能很有用。

然而，某些情况下包含很多文字在行为经济学方面有优势。言下之意就是，文字背后暗含很多努力，因此促进了信任的建立。由于这个原因，eBay 的清单上有很多文字，即使这些文字在严格意义上来说是不必要的。

提高文字可读性的方法

人们对不同文字排版的反应方式是有规律的。研究发现，当每行字数较多时人们的阅读速度较快（每行大约 100 个字时阅读速度最快），但是人们更喜欢每行的文字较少（45~72 个字）。当人们的内在动力很足而且你需要向人们传递很多信息时，每行 100 个字最合适。如果你需要鼓励人们阅读你的文章，就要尽量保持简洁——每行 45~72 个字最好。

考虑到人们在线浏览的行为，你需要提高语句的清晰度。在这方面比较有帮助的一个工具就是弗莱士·金凯德（Flesch Kincaid）可读性公式。这个公式能够测试语句长度（句子越长越难理解）以及词语内部音节数目（音阶越多可读性越低），以此来检测文章是否容易阅读。你可以在网上找到这个工具的几个版本。

虽然这听起来可能理所当然，但是对于浏览的网站（尤其是在移动设备上）

来说，需要选择看起来较大的字体。这并不意味着要增大字体的磅值。在磅值相同的条件下，有一些字体本身看起来就比其他字体要大。尝试在移动设备上使用不同的字体（找到最适合的那个）。

难读 = 难做

当今的设计者似乎有无数的字体可以使用。很显然，某种字体可能会因为本身的美感，或者因为字体本身传递的整体感觉而被选择。例如，基本的字体传递严肃感，风格独特的文字传递古典的美感，或是用卡通字体传递趣味性。有一部颇受欢迎的纪录片专门描述了字体 Helvetica 的影响（纪录片的名字就是 *Helvetica*）。

然而，第 3 章讲到的加工流畅性的原则不但对图片适用，对字体也同样适用。设计中的关键文字，比如题目或描述，能够提升或压制对设计的整体感觉，这取决于字体是否易于阅读。在一项研究中，被试得到了一些日常锻炼的书面说明。其中一半被试读到的说明使用了清晰的字体（Arial），而另一半被试阅读的说明使用了较难阅读的字体（笔刷字体）。接着，研究人员要求被试判断他们认为日常锻炼需要消耗的时间、难度，以及被试按照说明进行锻炼的可能性。

与另一组被试相比，读到清晰字体的被试预测锻炼所需时间更短、更容易而且更可能进行锻炼。人们无意识中使用系统 1 的捷径，利用自己阅读说明时产生容易或困难的感觉代替锻炼本身的难易程度。这不仅可以应用于说明书的设计，对产品说明书和服务说明的设计也有借鉴意义。

然而，有趣的是，加工不流畅的字体有一个令人惊讶的益处：它们使我们更可能理解信息。实验室和教师的研究显示，仅仅将字体变得较难阅读就能够使材料的记忆程度提高。可能因为当字体较难阅读时，我们会被迫更仔细地阅读，因此提高了注意强度。这种更加仔细的阅读方式意味着加工程度也更深。

有一个可以追溯到 19 世纪的谜思，就是大写的文字比小写的文字更难阅读。这背后的理论解释就是，小写字母形状更多变，为每一个词语创造了独特的形状，因此能帮助我们识别词语。较新的证据表明，这个理论并不正确。人们阅读大写文字时确实较慢，但这仅仅是因为我们对字体不太熟悉。

视频广告与记忆

你有没有这样的经历：走进一个房间想要取个东西，走过房门的时候却发现自己忘了要拿什么东西。这可能不仅是因为记忆力不好，还与我们加工信息的整体特征有关。随着时间的流逝，我们倾向于将事件分组记忆。例如，你可能在一个房间坐着看电视时，听到另一个房间里手机在响。你去另一个房间接电话，跟朋友聊了一会儿。接着你去厨房倒了一杯咖啡。你的大脑会将这些记忆为分开的事件，心理学家称这个现象为"事件分割"。就像大脑将你的知觉分割成一幕一幕的电影场景。大脑对每个场景都建立了一个模型来记录发生的事件。这个模型可能包含房间布置、关键物体位置以及互动人物之间的关系。

当前场景结束的时刻或者新场景开始的时刻被称为事件边界，边界周围的信息更可能被记住。然而，当我们跨过一个事件边界时，之前场景的信息就会因为离开当前注意而更难被回忆起。我们的大脑暂时丢掉旧的场景模型来为新的场景建立新的模型。

这个现象被称为门口效应，它解释了为什么经过一扇门后我们总是忘记自己为何要走到另一个房间。然而，这种现象在阅读时也存在。对于设计师的提示就是，在叙事流程中，比如视频，或在写作中讲故事，场景开始和结束的信息更可能进入长时记忆。

在视频中，场景开始的信息或接近场景末尾的信息更可能被记住。但是如果某人感觉到场景已经结束，任何下一个场景之前的信息都会"流到裂缝中"，因此更不容易被记起。这就突出了视频广告的典型结构中存在的问题。广告中有关品牌的信息通常在最后才出现。然而，如果人们觉得这个场景的故事已经结束了，大脑就可能受到干扰，在加工最后一幕的同时等待下一幕的开始。因此，更不可能再次记起广告中提及的品牌。另一个能够解决这个问题的方式被称为品牌脉动。将品牌信息贯穿广告全程，而不是仅仅集中在广告末尾。信息展示方式不需要太明显或太浓墨重彩，不太显眼地出现几次就足够了。还有一种更有效的方式就是在广告中融入各种元素让人们想起某个品牌，比如与品牌相关的形状和颜色。

类似地，我们根据大脑对视频的切割来记忆每个场景。视频中的一个事件界限并不是因为剪辑而产生的，而是因为背景或场景本身的改变而出现的。这跟其他两种跟记忆有关的奇怪现象有关：蔡格尼克记忆效应和峰终定律。

蔡格尼克记忆效应是指，我们有更可能记住未完成的事件，而不是已完成事件。例如，未完成的事件在我们完成之前会一直在脑海中盘旋，完成后我们才能将它们遗忘。如果一桌客人还没有付款，那么服务员更可能记住这桌客人的点菜单。蔡格尼克记忆效应说明，给观众不完整的信息让他们填空，能够帮助观众增强记忆。

峰终定律是指，当被问及以前的经历时，人们对事件的印象会严重受到情绪峰值和事件结束时情绪的影响。当设计体验时，需要考虑如何建立情绪巅峰的时刻，以及如何让人们最后的情绪也保持高涨状态。

去抑制效应

如今许多需要面对面交流的任务都可以通过屏幕进行。这就增强了匿名性以及心理学家所称的去抑制效应。相比和真人互动，人们在网络上面对更少的社会束缚。例如，相比当面询问，网络问卷会得到更诚实的答案。

屏幕能够去除与真人交往时存在的自我意识和可能存在的尴尬心理。当然，去抑制效应的负面影响就是偶尔出现的攻击性和反社会性的网络互动。然而，它也能产生其他作用。人们在网络上的行为更诚实，更可能说出真实的观点（例如当给及回馈信息时）。

这也意味着相对于在实体店购物，人们在网络上购物时会将更多样的选择纳入考虑之中。例如，一项瑞典研究发现，相比在柜台前购物，人们在网上购物时更可能选择难发音的酒类产品。从神经科学的角度来讲，给产品起一个拗口的名字可能无论如何都不是一个好点子！这个名字不仅会更少被提到，而且难发音的名字也会让我们感到不流畅，这就会让消费者在直觉上感到产品"不够好"。

研究还发现，相比在饭店购买比萨饼，在网上订购比萨饼的时候人们会选择更多样的配料，而且订购的卡路里数更高。网上购物能够消除可能的社会耻辱，即被认为是不健康而且过于放纵的。同样由于去抑制效应，与跟真人对话相比，人们在网上购物时下的订单更复杂（这种情况下可能会导致因服务生误解订单而犯错），因为在网上检查订单很容易。

有些信息人们可能觉得在公共场合阅读或询问很尴尬，对于此类信息来说，网络就是最理想的地方。当今时代网络无处不在，及时为人们提供所需信息变得很容易。

移动设备屏幕

随着使用智能手机的人口超过 20 亿，移动网络成为人类历史上最大的营销场所。

手机屏幕很显然比手提电脑、台式电脑和电视更加多样化。手机几乎一直被人们拿在手里，这就意味着人们观看手机屏幕的次数远多于人们观看其他屏幕的次数。例如，当人们想要消磨时间时，比如在排队等候；或者当人们需要"即时"信息，比如出门在外时需要预定出租车或饭店桌位。

可能仅仅因为购买机会增加，人们在智能手机上购物时花费得更多而且消费更频繁。智能手机使人们随时随地都可以购物，增加了便利性。

零售网站能够利用触屏优势。当用户能够触摸产品时，即使是在屏幕上，相比在手提电脑和台式电脑上简单点击或将光标放到产品上，也能让人产生一种近似于触摸实物的感觉。在移动设备（比如平板电脑）屏幕上触摸商品显然没有触摸产品实物的感觉丰富——它并不能让我们感觉到重量或材质，尽管如此，这也能创造令人身临其境的感受，与真实生活更相近。这与本章开始提到的深度分割动态图相似。

屏幕大小也能影响设备说服我们的方式。例如，与较小的屏幕相比，较大的手机屏幕显然更适合观看视频。研究比较了用户在大屏幕（5.3英寸）和小屏幕（3.7英寸）上观看广告的反应，研究发现人们的反应存在差异。首先，人们更倾向于信任大屏幕上的视频广告和小屏幕上的文字广告（文字广告在大屏幕上的效果也很好）。信任在驱动购买意愿中起着举足轻重的作用，尤其是如果人们不了解你的公司，或者从未购买过你的产品。然而，广告的效应不仅由信任的程度决定，也受到信任种类的影响。使用大屏手机观看视频广告更容易引发情感信任。使用小屏手机阅读文字广告更容易引发理性信任。

情绪信任是指情绪方面的安全感，以及对作为某公司的顾客所产生的积极情绪。理性的信任能够使人对个人或组织的能力和可靠性更有信心。

研究者发现，这是因为被试在不同大小的屏幕上加工信息的方式不同。较大的屏幕更多引发系统1的反应，即人们会做出快速、直觉性的判断。这是因为与小屏幕引发的感觉相比，在大屏幕上观看视频带入感更强，可以同时引发多感官参与，这与"身临其境"的感觉更相似。

研究者还推测，大脑加工复杂的视觉和听觉信息时更加全神贯注，因而更可能使用系统 1 的节能思考模式；相反，如果文字出现在较小的屏幕上，人们就更可能进行理性的、批判性的思考——系统 2。

如果你想让用户感到与你做交易很愉快，就需要利用视频或丰富的图像建立安全感。将网页个人化，使用个人的名字或其他信息，能够让网页更有代入感，也可以让用户通过设备话筒输入信息，添加更复杂的触摸特征，或者使用智能手机的震动功能提供真实可触的反馈。如果你需要让网页用户相信你有能力并且可靠，就可以多使用文字。当然，同时使用两者或许能够加强两种类型的信任，但是由于消费者的注意广度有限，尤其是对于一边走路一边使用移动设备的用户来说，你可能需要重点使用其中一种方法。

随着更复杂的智能手机变得更普遍，未来或许能够通过模仿人们的触觉而让网页和广告使人产生身临其境之感。这可以包括更好的、更流畅的人与产品和触摸屏之间的交互，比如将三维高清图像进行旋转的功能。

除了创造更有代入感的屏幕互动之外，我们还需要了解注视位置的内在偏好。

游戏化

电脑和手机游戏使用了许多技巧促使人们参与困难的任务。我们玩游戏是因为游戏本身很有趣，并且能带给我们一种成就感（即没有潜在经济回报的非赌博性游戏）。游戏化就是将游戏的元素应用到其他领域，比如在情绪上吸引人或使用有趣的动画和音效，或者让用户通过收集点数和回报来竞争。

如果你需要人们在很长时间内保持某个行为，游戏化就会尤为有效，比如，它可以用于奖赏忠诚度、在健康或健身计划上的进步。

中心关注偏好

在中世纪，古登堡刚刚发明印刷术不久，印刷排版的方法被视为商业机密。然而，他们的方法从根本上来说就是在页面上创造一个与页面成比例的印刷区域，就像是第 3 章提到的自相似效应。这毫无疑问使他们的页面在直觉上看起来更加吸引人。

当今的网络也有自己隐藏的模式，能够影响页面看起来是不是直观。当面前有一系列图像时，比如网页或超市货架上的产品，人们倾向于关注并且选择看向中间而不是边缘。同时，人们还倾向于看向左上方。心理学家称之为中心关注偏好。

这个偏好的背后可能有许多不同的原因。比如，人们可能想要在屏幕或包装设计的中心部分找到更多的信息，因为这是人们在以往与设计有关的经历中学到的（详见第 4 章）。人们会迅速将目光锁定在能够找到最有意义的信息的区域（例如，与含有详细信息的区域相比）。人们还更可能返回来重新看这些有意义的区域，而不是关注新区域。

同样地，在真实世界中，我们能够通过到处移动来观看事物，因此我们或许更习惯于将感兴趣的事物保持在视野中央，仅仅是因为这是观看的最佳位置。进化角度可以为躲避边缘提供解释：人们可能无意识中发展出了对于处在人群边缘上的恐惧，这个位置更容易受到捕食者攻击。

中心偏好可能是普遍存在的现象，不论人们的观看对象是什么。例如，在一个研究中，放射科医生查看肺部 CT 中的结核，10 位医生中有 8 位没有看到照片右上方的大猩猩，尽管大猩猩的图片几乎是结核平均尺寸的 50 倍大。哪怕是受过训练的放射科医生都会遗漏屏幕上的部分信息，普通的网络用户当然也会出现这样的情况。

人们到底对中心还是对左上方存在偏好可能依赖于这个矩阵是否存在明显的中心。例如，3×3 的图像矩阵中心就是最中间的那张图，而且有证据证明大多数人更关注这张处于中心的图像。

然而，在 4×4 的矩阵中，没有单独的图像位于中心；相反，矩阵中央有四个图像，此时左上方的图像得到的关注最多。类似地，当矩阵是 2×2 时，也是左上方的图像得到的关注最多。图 8–3 显示，当物品以方格的形式排列，如果这个排列有中心（比如左侧的方格），我们就会先看这个中心。如果没有中心（比如右侧的方格），我们就倾向于先看向左上方。

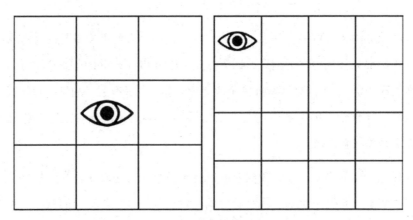

图 8–3　物品以方格的形式排列

这些视觉偏好在决策行为中也有所体现。就像人们更可能选择视觉上显著的物品，摆在中间的物品更明显并且更可能被纳入考虑。

这些偏好对网页很重要，因为图像通常以矩阵排列，有时候以清单的格式排列。如果没有中心位置，需要人们优先观看或优先注意的图片就应该被放在左上方；如果有中心位置就将其放在中心。这跟视觉显著性的效果相似，即都会影响人们的注视位置。合并两个策略，也就是使图像更显著并且将它放在中心或左上方（视情况而定），能够显著提高人们对图像的注意。

屏幕宽高比

一直到 2003 年，大多数电脑屏幕与以往电视屏幕的长宽比例相同——4∶3，这几乎是正方形的。在接下来短暂的几年里，电脑产业向几乎是黄金比例——16∶10 发展，很可能使屏幕更吸引人也更直观。2010 年左右，屏幕长宽比又发生了改变，但是并没那么显著，变成了 16∶9，这更适合观看电影。然而，屏幕尺寸是通过对角线长度决定的（上侧一角到下侧对面的角）。因此，28 英尺[①]、长宽比为 4∶3 的屏幕（面积 250 平方英尺[②]）实际上比 29 英尺、16∶9 的屏幕（226 平方英尺）尺寸更大。

水平观看偏见

人们在观看陈列的时候还存在水平观看偏见。我们认为从左到右浏览物品（或从右向左）比从上到下浏览更容易。

在观看不同类型的图片时，人们倾向于首先看向左侧，然后向右侧移动。这意味着——正如第 3 章讲到的假性忽视现象——图像左侧得到的关注更多，而且相比右侧信息，左侧的信息会在大脑中被夸大。这也意味着我们更可能从左看向右而不是从上看到下。显然，这对屏幕菜单设计很有借鉴意义。水平排版的菜单可能比垂直排版的菜单更好。

---

① 1 英尺 ≈ 30.48 厘米。——译者注

② 1 平方英尺 ≈ 0.0929 平方米。——译者注

证据还表明，注视更多发生在两侧而不是上下。从遗传学的角度来说，这是讲得通的。我们有两只眼睛，在水平方向排列。我们观看物体的方式更适合水平而不是竖直的注视。我们的祖先也需要更多地看向左右而不是上下。例如，扫视地平线可能比从地面看向天空更经常发生。需要我们从左看到右的设计可能比那些需要上下翻看的设计加工起来更流畅。这可能也帮助解释了人们对水平放置的长方形的偏好。水平长方形以我们偏好的方式展现信息。

还值得注意的是，这对手机使用者来说可能不太方便。智能手机的长方形屏幕通常是竖直的（人像）而不是水平的（风景图），因为这样人们能够更自然地将手机拿在手里。

如果你需要在屏幕右侧显示信息，或是在竖直而不是水平方向上显示信息，就一定要注意有技巧可以应对左侧和水平偏好。将图像或文字放在方框里可以帮助吸引注意。

案例研究　奈飞公司

奈飞公司是一家提供网络流媒体服务的公司用户可以在其提供的平台上观看电影和电视节目，理解人们如何屏幕上图像做反应于奈飞公司的成功很重要。是什么因素让人决定应该看电影还是电视剧？奈飞公司花费了几年研究这个问题。作为一个在线、互动平台，奈飞公司能够很轻易地追踪人们的浏览过程以及最后决定观看的内容。一个有趣的发现是，82%的用户浏览对象是图像，而不是文字描述，即人们在浏览和决策时通常依赖图像而不是文字。图像的质量对于说服观众观看某个内容也很重要。

奈飞公司有关用户对图像反应的研究得到了几个重大发现。

- 图片人数在三个以内。虽然许多电影和电视节目的吸引力取决于庞大的明星团队，但是人们在浏览过程中更偏好预览的图片中人物为三个以内。这与第 3 章提到的数感原则很相似：我们有自动加工小数目物品的能力；当图像内存在超过四个或五个项目（比如人物）我们就需要依次加工。

- 复杂面孔情绪。第 5 章讲到重要的面孔图像能够吸引观众。奈飞公司发现，复杂和隐晦的面部表情在吸引用户兴趣方面尤其有效。因为我们很擅长从人类面孔中解码情绪和意图，因此可以仅仅用一张面孔传递节目中许多不同的想法或情绪。

- 展现恶棍。这可能令人吃惊，在图片中展现恶棍比展现英雄更能有效地吸引用户。这同时适用于儿童节目／电影和普通的动作电影。展现恶棍可能会让观众真切地感觉到即将出现的冲突。

虽然屏幕不能像纸张一样有助于深度阅读，它们依然为信息展示提供了很多机会。屏幕缺少纸张和书本提供的身体和触觉上的直觉反馈，但是能够通过丰富的图像、视频、触摸和振动效果（在手机上）创造身临其境之感。通过使用第 3 章提到的使设计更直观的技巧，你可以克服观众注意广度带来的困难。

随着大多数设计可以在网络上被用户观看，测试这些设计变得很容易。在线的 A/B 测试可能是测试图像最容易的方式。在任何网页上，两个或多个版本的图像能够被用于不同的用户，而且你能够测量不同图片引起的点击率或用户在网页上停留时间的不同。

本章小结

- 在网络上阅读比在纸上阅读更难，并且在屏幕上的阅读深度较浅。
- 在视频上观看故事或阅读故事的时候，人们将故事分割成事件或场景进行记忆。在场景开端或末尾的信息更可能被记住，但是要注意不要在场景之间加入重要的信息，因为这些信息可能不会被存入记忆中。

- 通常来说，使用易于阅读、清晰的字体。然而，如果你需要让人们集中注意阅读并能够回忆起这些信息，最好使用独具风格或较难阅读的字体。

- 网络环境中人们可能更少被社会评价束缚，这个现象被称为去抑制效应。这可以导致人们在线购买在实体店中购买会觉得尴尬的物品，或者考虑更大范围的产品（比如那些名字难发音的产品）。

- 当图像以矩阵或方格的方式排列时，人们偏向于看向中间的图像，如果没有绝对中央的图像，人们则偏好看向左上方的图像。

- 人们倾向于先看向屏幕左侧，而且觉得向两侧看比向上下看更容易。可以通过将文字或图像放入框架中来克服这个影响。

第一次世界大战期间，一张古怪的图片开始在空军军营的墙上和火车两侧出现。澳大利亚的军人一直在到处涂鸦，宣称"Foo 到此一游"——这是个再合适不过的例子了，我们如今称之为病毒式广告，只不过这个广告除了说明军人来过这里之外并无其他含义。这些病毒式的图像在第二次世界大战中被进一步发扬光大，美国军人写"Kilroy 到此一游"，而英国的版本则是"Chad 到此一游"。文字与涂鸦同时出现：一个光头男人趴在墙上偷窥，而其鼻子则搭在墙上。

有趣的是，Foo / Kilroy / Chad 的鼻子都是克罗梭曲线。克罗梭曲线就像是被拉伸的字母"U"。这个曲线随处可见：从过山车到主路上的出口匝道，示意司机可以进行 180° 调头。这个曲线在人们随意涂鸦时也很常见。这类曲线之所以在这些例子里出现，是因为它是匀速移动的物体最容易画出来的曲线——无论是汽车、过山车还是手拿的铅笔。克罗梭曲线只是比较容易绘制，这些曲线对绘制者来说有着较高的加工流畅性。

然而，关于 Foo 更重要的一点是它是病毒式图像的早期范例。这个涂鸦自发式流传，无须任何人或中心组织进行指导。此外，它还跟当今网络上许多病毒式图像有很多共同点：这个涂鸦是基于幽默度和面部表情绘制的。虽然在之前的章节中，我们介绍了使图像吸引人或具有美感的方法，但是这些方法却会妨碍图像的病毒式流行。Foo / Kilroy / Chad 画起来很容易，但是并不一定容易加工或具有美感。即便如此，这并不影响它像病毒一样传播。

模式因子

总体来说，病毒式流行的图片和想法统称为模式因子（meme）。模式因子的概念首次出现在 1976 年生物学家理查德·道金斯（Richard Dawkins）的著作《自私的基因》（*The Seltish Gene*）中。基因是通过生物繁衍而复制的一组生物信息，类比来看，模式因子就是通过人类文化进化和传播的概念。进一步解释这个比喻就是，就像环境中的挑战迫使物种进化，模式因子通过进化满足文化的需要。模式因子的用处可以仅仅是使人发笑，帮助我们进行交流或建立联系。模式因子的概念甚至激发了专属的学术领域——模式因子学，致力于利用进化学或其他科学模型理解模因的传递过程。

模式因子的本质就是它会被改写和复制。并不是任何想法都可以变成模式因子。存在了上千年的远古神话是模式因子的一个例子。理解基因的传播过程需要研究生物学；理解模式因子的传播则需要理解人类思维。因此，视觉模因对神经设计来说是一个很重要的课题。

研究模因的传播机制能够让我们创作出可以独立传播的设计。人们想要让自己的图像如病毒般传播。病毒式营销在网上屡见不鲜，许多极具感染力的图片像真正的病毒一样繁衍和传播，不需要任何广告成本（以前广告是唯一能够真正影响到受众的渠道）。

未来学家阿尔文·托夫勒（Alvin Toffle）在其 1980 年的著作《第三次浪潮》（*The Third Wave*）中创造了一个词——"生产性消费者"（prosumer），以此来描述消费者和生产者角色界限的模糊。几十年过去了，我们看到互联网作为媒介模糊了角色界限。全球上百万人上传自己的视觉内容，一些是原创的，其他是将已经存在的图像与视频进行混合。每天几乎有 20 亿张图像上传到网络上。视觉模因就是生产性消费者现象。它们可能源于流行文化的图片（例如名人的照片），但是被改编、添加元素或简化了。每分钟有上百个小时的视频被上传到 YouTube 上，这其中很多都是由用户创造的或是对已有视频的混剪。

重组图像传播的优势就是它本身有很多能被识别的元素：利用流行文化的图像意味着能够被其他人识别。在熟悉性上具有吸引力。被传入已经存在的粉丝网络或群体后，这些图像能够更加有效地传播。例如，给电影《星际迷航》（*Star*

Trek）中的一张图像添加一句幽默的引文，接着这张图片就在社交媒体、社交群组以及电影的粉丝之间广泛流传。又或许，这些图片能够传播是因为它们利用了具有广泛号召力的元素，比如可爱的猫咪或婴儿。

因此，成功的病毒式网络图像由两部分组成：社会的和视觉的。社会影响上传图像／视频的人或组织会有多少跟随者，他们是否被人喜欢和信任等。接着，图像本身也有影响：本身是否吸引人。这两个影响会混合在一起，因此很难用控制变量的方法研究它们。例如，一个图像之所以成功可能是因为它本身的设计目的就是要引发分享行为，或者它可能仅仅是运气好被社交媒体上拥有大量跟随者的用户转发。

同样地，一个图像被分享可能是因为它跟当前新闻有关或者是图像里有一位名人。然而，这对设计师来说可能没什么借鉴意义。我们感兴趣的是那些因为设计本身而非社会内容导致其疯狂流传的图像。我们需要仔细观察现实世界，以理解到底是什么造就了广泛流传的图像。

网络模因

巴拉克·奥巴马、天体物理学家奈尔·德葛拉司·泰森（Neil deGrasse Tyson）、音乐家弗雷迪·默丘里（Freddie Mercury）、演员成龙、帕特里克·斯图尔特（Patrick Stewart），以及尼古拉斯·凯奇，这些人的共同点是什么？答案就是这些人面孔的卡通版本都变成了网上流行的表情包（参见图9–1）。每一个卡通都完美地诠释了我们能够理解的感情或某个时刻。这些图像被发布在网络和社交媒体的讨论版、评论区中，作为回复讨论主题的快捷方式。这有点像表情图案：被广泛用于表达情感。这些特殊的名人可能因为在一群年轻人中具有高辨识度而成了流行的表情包，这些年轻人是无政府网络讨论平台（例如 Reddit 和 4Chan）的掌权者，而这些平台就是表情包被创造和开始流行的地方。

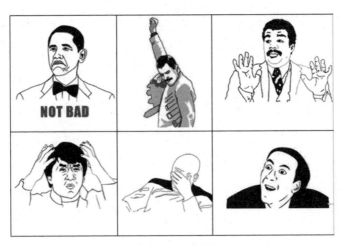

图 9-1　病毒式网络表情包

这些表情包通常用来表达没有相应文字对应的情绪，或者并不能完全用词语传递的情感。它们与一种新的语言形式相似，随着社交媒体的诞生而流行起来："当我……的时刻。"这是一种新的句式结构，它适时地出现，以帮助人们沟通那些仅在特定场合或事件中出现的情绪，或者仅仅通过表述事件的情景，其他人就会点头并且会心一笑。例如，"当你意识到你忘记带钥匙的时候"，或者"当你讲笑话时自己笑得停不下来，但是当你讲完笑话以后没有一个朋友笑出来的时候"。语言学家称这个句式为从属分句——它们并不是完整的句子，因此它们需要你填写空白，就像简单的谜语。换句话说，它们省去了说出"记得当你……时候的感受吗"，或者"你知道当你……的时候你的感受吗"。

我们已经了解到，大脑喜欢简单的谜语，解开谜语能够让我们产生愉悦感。此外，邀请我们填写空白的谜语利用了蔡格尼克记忆效应：不完整的事件创造的悬念使得这些事物在大脑里停留许久，直到我们将其解决。阅读从属分句很难不去自动填补空缺的部分。从属分句本身固有的假设，即它们所描述的感情是普遍存在的。使用"当我……的时候"这个句式，但是并不对感情的内容做出清晰的说明，就代表你相信其他人能够明白这种感情。这是一种非常典型的社会形势的写作方法。

虽然模式因子最初被定义为可以传播和进化的想法，但是这个词语现在有了更具体的意义：幽默的动画或图片，通常用来描述容易辨认的感情。有时更加普遍的趋势，比如 YouTube 视频的某个种类或社交媒体的主题标签也会被认为是模式因子，但是主要的模式因子还是幽默的、以情感为基础的图像。

用户通常在表情包里添加文字使其符合当前的主题。例如，他们可能评论自己对名人新闻的反应，或者以短篇故事的形式讲述自己做过的有趣、诙谐的事。这就将模因图像变得多样化，以适应不同的情景，从而帮助模因图像传播。它们有适应能力，就像真正的生物基因，它们可以变异，这些变异能够帮助它们进一步传播。

网络上的病毒式图像

当我写下这些文字的时候，网上最流行图像的前 20 张大部分都是以面孔为主体，或是人类的（13 张）或是动物的（7 张）；12 张称得上是幽默的；而仅有 3 张以明星或名人为主体。其中 6 张图像中表现出人类特征的奇怪的动物（例如，一只明显郁郁寡欢的猫，但它的表情又颇为合情合理）。动物的"照片炸弹"——乱闯摄影画面，在其中两张图片中出现，比如一条鬼蝠魟在一组正在洗澡的女性背后出现并且很显然正在拥抱她们，以及一只松鼠出现在一对在野外的情侣所拍摄的照片中，并且直直地看向镜头。就像有合理的面部表情的动物一样，照片炸弹的动物创造出了幽默和出人意料的熟悉感，这些行为通常与人类相关。虽然市场营销人员通常认为美丽和感官的迷人度是让图像流行起来的强大驱动力，但是20 张图片中仅有两张重点关注了图像主体的感官迷人度。

模式因子和神经设计

网络模因可能是神经设计的最终形式。这其中利用了许多前几章提到的神经设计原则。

- 峰值转移效应（见第 2 章）。许多模因都像是漫画。例如，那些根据真人创作的漫画虽然线条简单，但极具辨识度。虽然这些模因没有标准漫画具有的夸张效果，但却捕捉到了人物的本质，或称 rasa，包括人物特有的面部表情或者体态姿势。

- 极简主义（见第 3 章）。模因非常简单而且容易理解。随时间推移会变得更简洁。例如，图片被转换成了线条画的版本。将图像转换成线条增强了它的峰值转移效应，同时这样做也使它更简约了。这样的极简主义不但让图像在神经层面吸引人，也赋予了它技术上的优势：它能够出现在更多形式的屏幕上，即使屏幕的分辨率较低。

- 意料之外的熟悉感（见第 3 章）。动物的模因利用了意料之外的熟悉感。在 Reddit 上面有一个流行的模因图像，图片中一只海豹头向后仰着，面部表情似乎是冻结在恐慌的尴尬中——当你意识到你犯了错或者有所失礼并担心被别人发现的时候。这种忧虑能引起我们的共鸣，但是我们想不到在动物的面部中也能看到这种感情，因此它带给了我们一种意料之外的熟悉感。

  同样地，这些模因图像传递的感情通常并没有名字。换句话说，描述感情需要构建整个句子，然而含有特定感情的图像是一种用来流畅地表达情感的简单方法。

- 典型性（见第 4 章）。模因图像通常展示了原始的、强烈的情感。在现实生活中，大部分人并不会把情感表现在脸上，即使表现出来也会是缩减版的。此外，我们的情感通常是混杂的，所以面部表情并不能反映纯粹的某个情感。模因图就像是对特定情感更纯粹的表达。

- 感性诉求（见第 5 章）。几乎所有的模因都以情感为依据。特别是，模因似乎利用了许多社交情绪，比如尴尬、怀疑或仰慕。社交情绪本身是可分享的。同样地，幽默的本质也决定了它的可分享性：我们听到、读到或者想到一些有趣的事情，自然就会想要与他人分享。这样一来，我们就可以与他人建立联系并赢得社交好感。

- 视觉显著性（见第 6 章）。研究者分析了 Flickr 网站上超过 200 万张图像的流行度，发现甚至图像的颜色都对流行度有影响。通常来说，与蕴含更多红色图像的图片相比，蓝色和绿色更多的图像流行度要低。研究者推测，这是因为引人注目的颜色（比如红色）更可能吸引注意力——换句话说，有更高的视觉显著度。当人们滚动屏幕、轻击鼠标并浏览社交网络时，高视觉显著度的图像可能更具优势，这并不令人感到意外。

- 社会认可（见第 7 章）。成为群组的一员对于祖先来说可能是至关重要的行为驱动力。为了生存和繁衍，我们需要与团队、家庭和部落建立联系。被排斥很可能意味着死亡。

分享模因是一种建立联系的形式，这意味着你是群组的一员，因为你在分享有趣的故事。其他人通常会熟悉你用模因表达的情感，也可能对这个模因本身很熟悉——如果它是基于某个名人，那么其他人可能也熟悉这个名人。

从这类模因中学到的就是，描绘情绪并且与神经设计原则一致的图像有着病毒式的传播能力。有很多新的"当我……的时候"的句式还有待发掘，同样需要进一步探索的还有可以用简约、可识别的面孔与体态表达的社会情感。

模因欲望

正如想法能够轻易地扩散，欲望和渴望也能够传播。一些神经科学家称之为模因欲望。在一个研究中，被试躺在 fMRI 扫描仪中同时观看一系列视频。视频展示了两个相同的物品，比如玩具、衣服、工具或者食物，唯一的区别就是两个物品的颜色不同，并且在视频中有人选择并拿起其中一个物品。看完视频之后，实验要求被试回答对每个物品的喜爱程度。研究结果发现，如果他们看到某人选择了某个物品，不论物品的种类是什么，他们都会更可能偏好这个物品。

脑成像数据表明，在观看视频时有两个大脑系统尤其活跃。首先是镜像神经系统。这个系统包含的脑区域不仅会在你准备运动时变得活跃（比如捡起东西），在你看到其他人进行某种行为时也会变得活跃。换句话说，仅仅是看到其他人的行为，比如捡起物品，就可以让你的大脑模仿那个活动。第二个脑区是当你期待报酬时会变得活跃的脑区。神经科学家将两个区域同时被激活视为模因欲望的标志。有趣的是，就像第3章讲到的单纯暴露效应，仅仅看到某人捡起物品就足够引发模因欲望。这与第7章提到的禀赋效应类似。禀赋效应是指，当我们拥有某物以后就会认为它更有价值，但是模因欲望是指我们看到其他人拥有某物时也想拥有它。就像小孩子们一起玩耍时：当他们看到另一个孩子拿起了某个玩具，他们也会想要那个玩具！

情绪与病毒性内容

在网络上像病毒般疯狂流行的内容中，情绪起着重要的作用。人们如果在情绪上被打动，就更可能会去分享链接。例如，互联网公司 Buzzsumo 分析了一亿篇在线文章，发现了一些有趣的趋势。首先，正如我们所预料的，图像的出现能够增加文章被分享的可能性（有图像的文章被分享的可能性是其他文章的两倍）。它们还分析了帖子的情绪内容，并且发现特定的情绪更可能被分享。这些情绪包括敬畏、开心和愉悦，而愤怒和忧伤则较少被分享。

从神经设计的角度来看，敬畏是一种有趣的情感。通常来说，它会被营销人员忽视，但是能够引发敬畏的图片在网上很流行。典型的敬畏是由美感和较大的规模组合而引起的。敬畏情感中的某些元素促使我们想要与他人分享。

研究还发现，信息图表被分享的频率很高。从神经设计的角度来看，这也是预料之中的。正如第 3 章所言，信息图表能够让人感到信息"比意料之中简单"。信息图新颖且含有丰富的信息，同时（如果设计巧妙）也简洁易懂。

另一个研究分析了《纽约时报》上大约 7000 篇文章的流行度，将文章的情感内容纳入考虑之中。总的来说，他们的结论是，情绪内容比非情绪内容更流行，积极情绪比消极情绪更流行。而且，他们还发现敬畏的情感有极高的分享率。同样地，积极的但是低唤醒的感情，比如满足或惬意，不足以引发病毒式传播。高唤醒的情绪才能促使人们分享内容。

有关负面情绪的发现中，有所例外的是愤怒和焦虑。比如，如果一条新闻使某人愤怒，他可能想要动员他们的朋友或者寻找政治倾向相同的人。如果某件事能够引发焦虑，与他人分享能够帮助个体减轻焦虑。然而，引发忧伤的文章不太可能流行起来。

原型图像

瑞士心理学家卡尔·古斯塔夫·荣格（Carl Gustav Jung）相信，某些图像能够引起广泛、深刻、无意识的共鸣，因为这些图像利用了我们的直觉。他称这些图像为原型。他将它们描述为："这些原始的图像在很久以前就普遍存在，反映了所有人都熟悉的基本图形。"这些图像并不是直觉本身，但是表达了直觉，因此能够引起深刻的共鸣。图像确切的形式可能随时间推移发生变化，但是它们依然利用并表达同样的原型。因为这些原型是普遍存在并且人们生来就有的，如果图像引发了原型，就会迅速和轻易地被观众理解。原型可以是性格或特征类型，比如魔术师、骗子、英雄或护理人员。它们还可以是非人类的事物，比如怪物或森林。原型严格来说并不是神经科学的概念（例如我们不知道这些直觉的形式能够通过遗传被存储在大脑中，更别说如何被图像启动了），但是它们为推测特定图像的成功和流行提供了有趣的模型。

电脑能够预测图像的流行趋势吗

如果一张图像的内容（而不仅仅是因为它是不是时下热点，或它是否足够幸运能被网络名人转发）能够影响它的流行程度，那么也许可以训练电脑预测图像的流行潜能。一群研究者已经做过这件事。他们收集了一万张发布在 Reddit 上的图片，每一张都有数据表示它的流行度（即多少观众点击了"喜欢"，以及它被分享的频率）。这样研究者就能收集所有高度流行、完全不流行和介于两者之间的图像。接着，他们将不同类型的图像展示给人们并要求被试按照 52 种不同特征对图像进行评分，比如图像引发的情绪。他们发现，病毒式流行的图像内容有明显的特征（参见表 9–1）。

表 9–1　　　　　　　　流行图像的特征和不流行图像的特征

流行图像的特征	最不流行图像的特征
1. 合成的（如用 Photoshop 修过的图片）	1. 放松的
2. 卡通的	2. 开阔的空间
3. 有趣的	3. 美丽的
4. 有关动物的	4. 平静的
5. 直观的	5. 疲惫的
6. 动态的	6. 安静的
7. 人造的	7. 景物
8. 可爱的	8. 困乏的
9. 有关性的	9. 抑郁的
10. 男性的	10. 积极的氛围
11. 奇怪的	11. 有中心的

续前表

流行图像的特征	最不流行图像的特征
12. 惊慌的	12. 愉快的
13. 可怕的	13. 沮丧的
14. 老旧的	14. 群组的
15. 可疑的	15. 彩色的

有趣的是，对称的图像也不太可能流行起来。这个例子说明，图像可能很美或在美学方面令人愉悦，但并不会激起人们想要分享的欲望。非流行性的图像内容通常是美丽的，或者传递低强度的愉悦情绪（比如平静或安静），可能这些图像看起来不错，但是并不会被人分享。修过的图或者合成图像的成功证明了混搭图像的价值。图像被改编后会变得更贴近热点话题（例如添加文字将图像跟当前的热点话题或新闻事件联系起来），或者变得有趣（例如换脸图像，比如一张图片里一个成人和婴儿的面孔互换）。这类图像的成功也可能因为他们引发了预料之外的熟悉感（见第 3 章）。换句话说，它们利用出人意料的方式展示了熟悉的事物。内含流行特征数量多于一个的图像（比如经过修图并且包含动物元素）尤其可能流行起来。

如果设计师需要让美丽或者低情绪强度的图像流行起来怎么办？换句话说，本身不具备流行特质的图像能够经过处理而变得流行吗？答案是肯定的。研究者发现，即使一张图像包含一个非流行的主体，也可以通过添加一个或者多个流行元素而使其流行起来。

当然，在 Reddit 上疯狂流传的图像类型可能跟其他社交网络或社交背景中流行的图像类型不同。Reddit 的用户绝大多数都是年轻男性群体，并且人们能够匿名发布图片的特性使更多尖锐的、不守规矩的内容更可能被分享。此外，此研究的发现大体与其他研究的发现一致。幽默、可爱、简洁（例如卡通）以及高强度情绪（比如惊慌）的图更加流行，而美丽和安静的图像则不太流行。

研究者还发现，即使被试之前并没有看到过这些图像，对图像流行度的预测准确度也可以达到机会概率以上（大约 65%）。如果被试同时看到一对图像（其中一张流行度很高，另一张不流行），则被试的精确度会有所提高（这时的准确度是 70%）。然而，当一对图像中有一张是处于两个极端之间的图像时，被试的精确度会降低（大约 60%）。接着，研究者训练电脑利用 52 个特征分析图像，发现电脑预测图像流行度的精确度优于人类（精确度为 65%）。当然，电脑能够利用使图像流行的隐藏信息，但是这样的准确度依然是令人惊叹的。

主要的流行图像网站

社交网站是培育流行图像的主要温床。每一个主要的网站都有自己的特点，并且，不同种类的内容适合于不同的社交网络。

- Facebook（超过 15 亿活跃用户）。Facebook 是最大的社交网站。Facebook 上的图片不仅能够吸引用户参与（即用户会评论和讨论这些图片），还很可能被转发（用户会将图像转发到自己的 Facebook 状态墙上）。Facebook 上的病毒式营销可以通过许多不同视觉媒介实现：图片、动图、视频或简单的游戏。Facebook 主要被人们用来跟朋友和家人保持联系，因此人们自然会倾向于消费并分享拥有个性化色彩的内容。讲述真人故事的启发性的、有趣的或者是新奇的内容很适合出现在 Facebook 上。同样地，如今人们无论身在何地，都习惯性地登录 Facebook 账户浏览或上传图片，因此以地点为依据的病毒式营销也能起作用。例如，如果你拥有一家实体公司，你能不能创造一些新奇有趣的东西让人们想要拍照并将照片上传到网上呢？例如，现在越来越多的酒吧、咖啡厅和酒店都会在门外的小黑板上写一些有趣的文字。人们可能会把这些文字拍下来并上传，让这个地方广为人知。

- Instagram（超过四亿活跃用户）。Instagram 比 Facebook 更加以图片为中心。

它特别被用来展示高质量的照片。它自带的滤镜本意是让用户在发布图片之前进行修整和改善。因为 Instagram 比 Facebook 更加开放（图像可以被随意分享，而非仅限于朋友和家人的社交网络），因此人们更可能发现自己感兴趣的图片，无论是产品、地点、事件还是活动。这强调了 Instagram 上为图像添加标签的重要性。研究发现，在 Instagram 上，面孔是引发用户参与的强大驱动力。带有面孔的图片与其他图片相比，被点赞和评论的可能性比后者高三分之一。

- Twitter（超过三亿活跃用户）。因为 Twitter 将状态字数限制为 140 字，因此图像能够帮助用户表达更多信息。Twitter 是实时的意识流。各种帖子突然出现在人们的推送里，接着被新帖子替代，旧帖子迅速向下滑动。因此，帖子在当前时刻的作用是最大的。这就增加了发布与当前事件有关的图像、现场讨论的话题（比如运动或新闻事件）的重要性。同样的，邀请他人转发你的帖子（例如"请转发"或"请 RT"）能够帮助帖子被更多人看到，帖子中包含链接也可以达到这个效果（这指出了分享更多信息的价值，而不是仅限于 Twitter 所允许的 140 字）。

- Pinterest（超过一亿活跃用户）。Pinterest 用户增长到一亿的速度是最快的。它是用于视觉发现的工具。不同于 Twitter 的实时活动和意见分享，也不同于 Facebook 的朋友和家人社区，Pinterest 用户迫切地想发现可爱、实用并且值得拥有的事物（与其他充满人像的社交网站不同）。浏览 Pinterest 的过程有点像看橱窗或目录购物。Pinterest 有 80% 的用户都是女性。它更加视觉化而不是语言化。大多数用户都在收藏、转发或者浏览图片，而不是留下评论。Pinterest 上流行的图片种类包括：艺术和手工、时尚、物品、节日和产品。

　　病毒式图片包含许多神经设计的原则，我们在前几章已经讨论过。与需要看起来吸引人、令人满意或有美感的图像相比，它们还需要以不同的方式吸引观众。对病毒式图片来说，测量它们的成功是很简单的：分享次数可以直接在网络上测量。对于那些需要吸引人、引发欲望或具有美感的图片，它们的成功只能通过专业的研究实验来测试。随着电脑越来越擅长分析图片——内容和风格，我们对病毒式传播图像的理解也会随之深入。

本章小结

- 视觉模因是在网络上被分享几千次或者几百万次的画作或照片，因为它们利用了大脑喜好的关键事物。

- 设计病毒式流行的图像跟设计美丽和具有美感的图像所面临的挑战是不同的。流行性和美感是不同的，并且美丽的图片有时并不流行。

- 合成或经过修正的图像、动画片／有趣的或者包含动物的图像更可能流行。

- 与非情绪内容相比，情绪内容更容易流行。

- 高强度的情绪比低强度的情绪更容易流行。

注：鲍勃开始意识到，如果他没有使用 Comic Sans，就可以赢得 100 万美元的投资收益了。

20 世纪 80 年代中期，一位年轻的加拿大电影制作人走进好莱坞影城选题会现场，并仅仅在黑板上画了两条线，就说服了一群执行官投资支持他的电影构思。这个加拿大人就是电影导演詹姆斯·卡梅隆（James Cameron），当时他已经为 1979 年的科幻惊悚电影《异形》（*Alien*）撰写了续集。虽然第一部电影广受好评，但是经济效益并不大，因此电影工作室并不愿意投资制作续集。工作室执行官希望卡梅隆能够带着精心准备的、职业化的 PPT，详细描述续集的计划。然而，他没有准备任何 PPT，甚至连一张纸都没有拿。他径直走向黑板并写下了"异形人"（Aliens）这个词语，接着在字母 S 上画了一条线，于是就变成了"Alien$"，意为续集的计划将会有利可图。会议最后决定将续集投入制作。

卡梅隆简单的演示与大多数拥有不同元素的复杂 PPT 的演示不同。自从演示软件在 20 世纪 80 年代进入大众视线以来，创造丰富精彩的多媒体演示工具唾手可得。据估计，每天会有 2000 万到 3000 万个用 PPT 进行的汇报。词语、图片、视频、剪贴画、图表、图形和颜色都很容易获得。结果通常是，演示文件过度凌乱而且不尽如人意。我们过度使用了可用的选择。对于商业演示来说，这个问题就更严重了，因为这些演示同时还要作为报告呈现。结果就是布满了信息的 PPT 被设计成用来阅读的文件，而不是适合用来讲解的演示工具。如果可能的话，最好创造两个版本：一个是用来演示的极简版本，另一个是用来分享给他人的详细版本。作为最流行的演示软件，PPT 无形中限制了演示的结构。它强制用户将演示分割成连续的、小而简单的（或以 PPT 为单位的）章节，并且鼓励用户使用分级式要点列表。它可以隐藏信息之间复杂丰富的关系，同时让人感觉每一点都被讲到了。它强迫观众仅仅关注目前这张 PPT 上小范围的信息，限制了观众比较 PPT 的能力。

我们对于这种形式的设计太过熟悉，因此从未想过去质疑它。它使得信息结构没法自由地决定设计结构。普通书写的文字中很少有分级，信息通常被分解成标题与段落。这个组织结构的问题并不是在所有展示文稿中都存在的。

例如，Prezi 软件使用一张大的主图，这张图片之上的所有信息都被组织起来展示，演示者随着进程会依次放大每一个小节。

2003 年 1 月 16 日这一天，美国国家航空航天局（NASA）的哥伦比亚号航天飞机从佛罗里达州的肯尼迪航天中心（Kennedy Space Center）发射，这时一个行李箱大小的泡沫绝缘材料掉落下来并打在其中的一个机翼上。如果没有地勤专家很快从视频片段中发现的这个事故，整个发射过程就是成功的，并且航天飞机也开始了在轨道中的任务。问题是：这个破损到底会带来多大的风险呢？工程师专家迅速制作了 28 页 PPT 总结了风险评估。演示文稿使用了分级要点列表来总结他们的想法。然而，低级别的要点涵盖了他们不确定和质疑的地方，而高级别的要点和执行摘要看起来是比较乐观的评估。NASA 行政级官员看到后很放心，得出结论说航天飞机是安全的，并且没有进一步调查。2 月 1 日，之前的破损导致航天飞机的机翼在返航途中逐渐断裂，最终摧毁了整个飞机并且导致七名在飞机上的航天员丧生。

信息设计专家爱德华·塔夫特（Edward Tufte）被邀请进行事故调查，他分析了 PPT，并指出这些 PPT 如何造成了误解。官方调查委员会在报告中写道："委员会认为 NASA 这种使用 PPT 简略汇报而不是使用技术文件进行技术交流的做法是有问题的。"

当然，大部分 PPT 汇报并不涉及生死攸关的决策，但是全球每天有 2000 万到 3000 万次演示汇报，可能很多重要决策和资源分配都是通过这种交流模式进行的。PPT 要点列表分级可能因为过分强调了某些要点而隐藏了其他分点，从而使信息变得模糊不清。塔夫特认为，PPT 很适合被用来展示（相对来说低清晰度的）图片和视频，但是要谨慎使用决定信息结构的模板，以及分级的要点列表。

让观众能够理解你的信息

演示过程通常包括以下几件事：吸引观众、说服观众并且以帮助记忆的方式将信息传递给观众。演示在做到这些的同时，还需要准确传达信息并且不能误导或者使观众感到困惑。优秀的演示文稿设计适合于大脑的工作方式并且能帮助我们实现以上目标。

精心准备有助于利用 PPT 展示信息。如果没有认真对待，PPT 演示可能是一种低效率的沟通方式。例如，阅读书籍的时候，人们可以根据自己的节奏进行阅读，如果不理解某个部分或是忘记了某些内容，可以暂停或返回去再阅读一遍。这样的做法在观看演示的时候是不可能实现的。同样地，观众也很难打断汇报人并要求他／她对某个不清楚的地方做出进一步解读。观众被强迫以展示者的节奏接收信息。因此，PPT 的设计要能够帮助人们理解信息，这一点很重要。

观众为了跟上你的节奏需要做几件事情：注意最重要的信息，理解 PPT 上的信息是如何联系在一起的，并且将不同 PPT 中的信息联系起来。神经设计原则有助于完成这些任务，如下面所讲。

1. 注意 PPT 上最重要的元素

PPT 可以包含很多信息，因此为了让观众理解这些信息，就需要说清楚哪些内容是最重要的。在这方面，视觉显著性可能比较有用。首先思考并决定 PPT 上最重要的、需要被人看到的元素，然后确保这个元素拥有最高的视觉显著性。可以借助下面的做法实现这个目的：

- 使它成为页面上最大的元素；
- 利用周围的空白将它孤立起来；
- 在它周围放置高对比度的方框；
- 利用与背景和 PPT 其他部分形成鲜明对比的颜色。

如果你使用了一种背景颜色或图案，那么确保它在视觉上不显著，否则它可能会掩盖 PPT 上的视觉元素的显著性。

传递重要性最理想的方式就是同时使用显著性和大而突出的标题。我们利用大小来决定重要性分级，较大的事物比较小的事物更突出。因此，较大的元素不仅更可能被看到，也会被人认为是重要的。

将元素在视觉上孤立开来也能帮助吸引注意。雷斯多夫效应（Von Restorff effect）是指，人们倾向于对设计中或一列物品中最显著的元素记忆最为深刻。将元素孤立起来，能够使它与众不同，因而吸引人们的注意。

最后，优先表述重要的想法。想要让人们离开演示现场以后能够记住某个关键的概念，那就把它写成第一页 PPT 的标题。这样能够使它更容易被记忆。

2. 理解 PPT 上不同元素如何联系起来

如果元素被紧凑地放置在一起，相比仅仅通过其他某种方式联系起来，观众会更容易将它们联系起来（比如拥有同样的颜色或形状）。考虑一下你是否可以通过文字在上的位置展示它们之间的关系，即文字能不能被排版或者分组，而不是仅仅将文字整齐排列呢？

优秀的图表设计

图表是视觉上描绘信息的一种很好的方式。我们能够用直觉理解视觉上大小和高度与实际大小和重要性的联系。更高的条形图意味着更多；饼状图上更大的部分意味着更多；一条向上移动的线条意味着增长。图表通过比喻的方式传递信息，但是图表与我们理解现实世界的大小、数量、增加和减少的方式很相似。

> 许多 PPT 的展示包括图表，这些很容易通过微软这类软件创作。然而，有时图表创作太过容易以至于并不能很好地传递信息。确保将合适的图表设计与你的示图表达的信息进行匹配。
>
> 处理数据的连续性和离散性很重要。连续性数据测量在时间或空间内部一直变化的事物，比如一年中的温度变化。离散数据是对不同数据的测量，比如不同产品的售价。

- 折线图：如果你需要展示某种连续趋势，比如随时间变化的趋势，折线图上交叉的线条是表达交互作用的理想方式。
- 条形图或柱形图：利用这些图对离散的分数进行对比。条形图的高度有效地传递了数量上的差异。如果每一分项都需要达到某个目标数字（比如最高分或者销售目标），考虑使用横向的条形图。这些条形图向右侧延伸，给人一种竞赛的感觉，最大值的条形图会在最前面，与终点更近。
- 饼状图：当你需要展现部分是如何构成主体的时候，这类图是最合适的，比如一系列百分比加和到百分之百。

另一种设计优秀图表的方式就是在开始绘图之前考虑将数据进行分级。例如，在条形图中将分数从高到低排列，这样能够使数据更直观。

最后，并没有明确证据证明 3D 图表相对于 2D 图表具有优势。通常情况下，最好还是使用 2D 图表。

增加 PPT 的加工流畅度。使 PPT 尽可能简洁，从而尽可能少地占用观众的心理资源，使观众更容易理解并记住演示。特别需要注意的是，要试图将文字数量保持在最少。文字越多，观众越想去阅读这些文字，因而错过你讲的内容。更糟糕的情况可能是，他们想要把这些内容写下来，这样的话，他们就会完全错过你演示的内容。

尝试通过将元素紧密结合使 PPT 上的元素互相支持：每个元素都应该感到自己属于这个群体并且支持同一个信息。例如，使用更适合当前主题的字体。如果这个展示是比较幽默或者比较轻松的话题，你可以使用更可爱、有趣的字体，但是如果这个展示目的是向观众传递重要信息，就需要小心选择字体了。欧洲核子研究组织（CERN）的科学家举行历史性的科学发布会宣布希格斯玻色子（Higgs boson particle）的发现时，因为 PPT 使用了 Comic Sans 字体而遭到观众批评。这个字体看起来很稚气，削弱了信息的重要性。

有人研究了 10 种流行字体，研究者建议使用 Gill Sans 字体进行 PPT 展示。他们让被试根据阅读的舒服度、专业度、趣味性以及美观性为每一种字体进行评分。总体来说，Serif 和 Sans Serif 字体在阅读难度、趣味和美观上没有显著差异。然而，Sans Serif 字体更可能被人评价为专业的（虽然这是因为五个 Seirid 中两个字体——Graramond 以及 Lubalin Graph Bk 的评分都比较低），虽然看起来专业度最高的字体是 Serif 字体中的一种：Times New Roman。总体来说，Gill Sans 在四个方面的评分都较高，因此得到了研究者的推荐。

为了使观众当中可能是色盲的人更容易看到演示内容，需要避免将黄色与绿色或蓝色共同使用。观众数量越多，有色盲观众的可能性就越大。

3. 记住之前 PPT 上的信息，将所有信息联系在一起

虽然演示讲述了一个故事或者提出了某个论点，但这些内容通常是被分散在许多PPT上的。每个新的PPT出现时，前一个PPT就会消失在眼前。这就意味着，为了将以往信息与当前的可见信息联系起来，观众不得不将之前 PPT 上的内容存储在大脑中。作为演示人，你知道每一张 PPT 里面要点之间的关系——已经概览了整个展示。然而，观众可能并不理解，因此需要帮助观众理解这些关系。

正如我们已经看到的，人类的短期记忆是有限的。我们一次只能将很少的想法保留在大脑中。如果许多新想法陆续被加入这个清单中，旧的想法就会被抛弃。从根本上来说，有两种帮助观众解决这个问题的方法。一种方法是，你可以在视觉上提醒他们，让他们想起前一张PPT的内容。实现这种方法的方式之一就是将前一张PPT的缩略图放置在每一张PPT的下角。然而，只有当缩略图中也可以清晰地展示PPT的要点时才能达到目的。文字可能不太合适，但是图片或者空间组织的信息也许可以。这个策略或许可以被用于每张PPT，或者仅仅当你认为可能有某个概念观众很难理解时，可以通过这种方式使他们想起之前的PPT内容。

另一种帮助人们克服短期记忆限制的方法就是信息分组。人们每次只能将有限的条目保持在大脑中，它们可以是一组密切联系的条目。通过将概念组合在一起，你就可以将人们保持信息的能力最大化，因此帮助他们理解你的演示。由于这个原因，清单包含的条目不要超过四个（例如要点清单），每个条目不要超过两行。

此外，不要随意改变风格。人们期待风格上的改变，比如字体颜色、背景颜色或字体类型的改变，意味着意义的改变。因此，随意改变风格会让观众感到困惑。

门口效应也许会发生在从一张PPT进行到下一张的过程。第8章讲到了门口效应对记忆的影响：场景改变（比如当你走过一扇门进入另一个房间）会使你更难记住之前场景中的信息。PPT的改变也许会使人们更难记住之前PPT（现在不可见）的信息。

这一点的推论就是，如果你要改变演示主题，可以在开始新主题之前，使用门口效应结束之前的话题。例如，加入一张PPT总结之前的主题，或者PPT大体上空白，但是含有下一个主题的题目。

在一个调查中，经常观看 PPT 的人最频繁提起的演示过程中令人厌烦的特征就是每张 PPT 包含的信息过多。在跟进研究中，他们给被试看几组 PPT，其中一张设计得更好（根据神经设计原则），然后测试被试是否能辨认出更好的 PPT，并解释为什么某张 PPT 更好。当 PPT 上有过多信息时，人们最可能发现较优秀的 PPT。被试最难发现的是设计方法和表达的信息不匹配。例如，PPT 使用了错误类型的图表，或者图表的风格不适合所传递的信息。参加调查的被试同样很难发现视觉上不显著的 PPT 上的错误。这个发现很有趣，因为虽然我们知道视觉显著性是可测量的，这个调查显示被试不是总能意识到低显著性对设计的影响。研究作者的结论是："即使观众并没有注意到 PPT 违反了神经设计原则，他们依然会受到影响。"

以下是一些额外的建议，将观众理解 PPT 所需的心理资源保持在最低水平，这样他们就能更容易地理解你的演示。

● 图片在左，文字在右。第 3 章讲到，有证据证明人们偏好文字放置在图像右边的设计。这是因为，这样的布置能够让我们更好地加工文字和图片。它使得设计（比如演示 PPT）拥有更高的加工流畅度。换句话说，使观众更容易接收信息。

　　第 3 章讲到的另一个有关现象就是假性忽视：与视野右侧的图像相比，我们很自然地会过分关注放置在视野区域左侧的图像。PPT 的左侧会得到更多的视觉注意。因此，这是放置图片最自然的地方。右侧的文字不需要太多的视觉注意，因为它通常仅仅重复了已经被演讲人大声讲出来的内容。

● 观众不能同时阅读文字并加工听觉信息。如果 PPT 布满了文字，人们或者会进行阅读，忽略你所说的内容，或者会听你的讲解但是并不阅读文字。我们不能同时做两件事，一次只能接受一个"词语流"。例如，相比边听语言对话边阅读，边听乐器演奏边阅读更简单。如果需要同时听取语言和阅读文字，我们实际上在做的就是将注意在两者之间飞快地转换，心理学家称之为"注意分配"。分散的注意与完全集中在一个言语信息流的注意相比更弱。

然而，人们能够一边听你讲话，一边观看加工图片，这就提供了另一个原因：为什么最好同时利用图片和文字。

- 10分钟规则。证据表明，人们在演示上能够维持7~10分钟的注意力。演示与电视和电影相比，可能相对来说是"低刺激"的，因此这里的挑战就是如何长时间吸引人们的注意。

如果你的演示时间长于10分钟，为了让被试的注意保持集中，一个好办法就是在这10分钟内加入更丰富的元素。这可以通过以下几种方式实现：

- 播放视频；
- 让观众参与到互动活动中来；
- 展示令人惊讶的图片。

任何能够改变节奏或者在10分钟左右处添加一些变化的做法都是有用的。

- 白色可能不是最好的背景色。许多演示PPT的背景都是白色的。如果你的投影仪或屏幕功能很强大，并且房间较暗，那么白色可能不是背景色的最优选择。因为大面积的亮白色可能会让人的眼睛感到疲惫。

视觉学习

我们理解视觉信息的能力出现得比理解语言的能力早。梦境由无意识产生，它们更加视觉化而不是语言化。研究发现，人们利用图像学习的效果优于利用文字的学习效果。图像能够更直接地被大脑加工，而文字首先需要通过视觉加工，大脑要识别每一个字母，才能接着将这些字母图像组合成文字，然后试着将文字转换成意义。"你的灵魂，"亚里士多德说，"在思考时永远有图像存在。"

我们都熟悉，眼睛通过很多方式收集与听觉同步的信息。即使在听某人讲话时，我们收集到的很多信息都来自他们的姿势、面部表情、眼神接触等。人们话语中的意义可能被修正或被这些信息改变。如果视觉信息能够支持并强化言语信息，我们就能得到更丰富、更深刻的体验。类似地，在漫画中我们可能会阅读文字，但是与文字一同出现的图像提供的独特信息能够让故事更加清晰明了。在一个设计优秀的漫画中，视觉元素会为文字添加信息，而不是仅仅重复相同的内容。在很多演示中，PPT 可能都是多余的，因为演示者仅仅在阅读 PPT 上的文字。如果演示者仅仅照本宣科，使用只有文字的 PPT 效率很低。

例如，有研究快速闪现 2000 多张图像给被试，每张图像出现时间为 10 秒。几天后，被试再认图像的准确率是 90%。甚至在一年之后，他们辨认图像的准确度还在 60% 左右。

把 PPT 演示作为语言媒介的问题就是，PPT 不像书本或报告文件一样能够容纳很多文字，因此文字就要被总结概括——这算是妥协中。视觉元素能够压缩更加复杂的想法，使之成为 PPT 能容纳的形式。正如第 3 章讲到的，图像能够传递很多不同的想法，即使它们从图形角度来讲很简单（即命题密度很高）。这就使图像容易观看并且内涵丰富。有关记忆的研究也发现，信息加工过程越深刻，我们就越可能记住这些信息。通过利用两种通道（视觉和语言），人们就更可能深度加工信息。

其他研究发现，人们加工漫画分格图像的方式与加工语句的方式相似。漫画小说在世界范围内越来越流行，可能意味着人们偏爱通过视觉接收信息，或者至少能够同等程度地接受视觉和语言信息。

将视觉元素加入文字中，尤其是当视觉元素提供了额外的信息或知识时，能够让你的信息给别人留下深刻印象。自古罗马时代以来，人们就已经开始利用图像让信息更容易记忆。记忆竞赛冠军使用的技巧之一，就是将枯燥的信息转换成图像。例如，记忆一列数字时，记忆冠军会将这些数字变成视觉图像，并且将它们串联成故事。大脑经过进化能够很好地处理一连串图像。

支持此观点的证据表明，添加图像能够让信息更加易于记忆。在一项研究中，被试被分为两组。一组被试阅读商业管理教科书，另外一组阅读内容相同的漫画小说。阅读漫画小说的被试相比只阅读了文字的被试，更能准确地辨认材料中的摘引。

史蒂夫·乔布斯在著名的苹果发布会中展示推出的新产品时，就利用了一些神经设计原则。他会将每张PPT中的词语减到最少，方便观众理解他讲述的内容。此外，PPT上的短语经过千锤百炼，已经是简洁、有力并且令人记忆深刻的语句，可以随时被用作报道标题或在Twitter上转发。换句话说，记者和观众们能够很容易地直接记录这些语句，并且写在自己的标题或Twitter中，用来总结演示的关键信息。同样地，这种风格使得观众想要理解信息所需要付出的努力最小化：只需要记住它并且撰写有关文字。

PPT设计能够决定演示的成功与否。用心准备PPT使信息更容易被理解和吸收也是对观众的尊重。这样做能够保证信息的本意被理解，而不是被误解。

演示中视觉故事的力量

克里斯托弗·约翰·佩恩（Christopher John Payne）是一位营销顾问，他的客户范围很广——从会计到约会教练，他的工作是帮助他们改善沟通方式。他说：

网络研讨会——在线演示，已经成为销售的关键方法，并且将成功的演示和仅仅是"还可以"的演示区分开来的就是前者有很多视觉故事。我已经成为一个福音传道者，每天上传个人故事，并且用照片作为插画（进行阐释）。进化心理学家会支持这类故事对于大脑的影响。数千年来，人类祖先每天都围坐在篝火旁分享故事。我们每个人都有很多故事，即使自己意识不到。因此上传故事的习惯，以及用照片阐释的习惯在制作演示文稿的过程中将是无价之宝。将照片和你的故事一起放入 PPT 中，能够极大程度地增加观众的参与度。事实上，我致力于捕捉故事图片，最近有一次我在救护车中被送往医院，虽然痛苦万分，但我还是将手机交给了身边的医护人员，拜托他 / 她拍下疾驰的车中我躺在担架上的样子。我知道在以后某一天的演示 / 演讲中一定会用到这个故事！

本章小结

- 仔细考虑是否要在演示文稿中使用分级要点列表，尤其是那些帮助他人做重要决策的演示文稿。这种格式可能会导致误解。

- 神经设计理念能够用来设计 PPT，将注意吸引到最重要的元素上，确保你能够成功传递信息。

- 大多数演示文稿的主要问题在于包含的信息太多。如果你将 PPT 中的文字最少化，人们更可能注意、理解并记忆你的要点。

- 在每张 PPT 中将图像和文字进行组合，能够更容易地向观众传递更多的信息。

- 通过使用神经设计原则，你能够使观众更轻松地理解信息，使他们更容易地将 PPT 每项之间的要点联系起来。

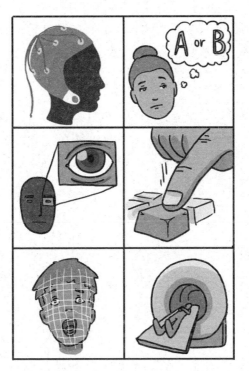

注：从上到下，从左到右分别是脑电图（EEG），A/B测试，眼动追踪，内隐反应测试，面部活动编码（FAC）和功能性核磁共振成像（fMRI）。

《呆伯特》（Dilbert）是世界上最流行的漫画之一，全世界 65 个国家的 2000 种报纸中都刊登过这部漫画。《呆伯特》的书和日历的销售量已超过两千万。这个漫画描述了在硅谷工作的上班族——他们被称为"呆伯特"，对当代职场的荒诞无理进行了讽刺的评述。最初在 1989 年，这部漫画只出现在少数报纸上，直到它的作者斯科特·亚当斯（Scott Adams）在每页漫画下方添加了一个元素——他的邮箱地址。此后，《呆伯特》才开始走上了成功之路。在这之前，它的作者仅仅会收到朋友和同事的反馈，但是将邮箱地址公开以后，读者就可以直接联系他了（这在当时还是很不寻常的做法），因此，他从真正的消费者那里获得了许多反馈。他的朋友和同事给予的反馈都是积极的，但发来邮件的读者并不惧怕讲出他们认为作品还有待改善的地方。其中最大的发现就是大多数人都喜欢看到"呆伯特"在办公室里而不是在家里。亚当斯根据这个反馈继续创作，《呆伯特》的流行度开始飙升。

当然，仅仅邀请用户对网页或产品进行评价并不够。对于漫画来说，设计本身就是一种产品。漫画（如果经过精心设计）能够很吸引人，而且它是人们喜欢谈论的主题。因此，设计师将其邮箱地址公开，就更可能得到有关卡通漫画的反馈，而不是对其他设计的意见。尽管如此，将设计进行测试并且获取反馈依然是很明智的做法。

正如我们已经看到的，设计师面对设计的反应与一般人不同。许多设计师会花费数年的时间学习艺术和设计，日常生活中也会比普通人花费更多的时间和精力来观看和评判设计。甚至，他们被吸引到设计师这个职业上可能就是因为他们有一双对设计敏感的眼睛。这种对作品的"目测"对整个设计过程是大有裨益的，而且设计师自己的直觉依然是创造力的源泉，驱使他们完成更好的设计作品。然而，设计师认为有美感的事物，普通人可能并不认为是美的。同样地，引导观者做出我们所期望的行为的因素也并不总是已知的。如果没有测试和研究就很难知道。影响消费者购买决策的因素，例如，包装设计中到底哪个因素导致消费者选择并购买了这款产品？我们能够预测让产品得到关注的特性（视觉显著性），或者让产品吸引人（加工流畅度）的特性。然而，消费者在做出购买决策时可能会优先考虑不同的产品特性。对于食物来说，味道、质地以及看起来质量好坏都会影响购买决策。如果不清楚这些属性的优先度，可能就会创造出美丽的包装设计，但是并不能引发消费欲望。即使你确实有理由相信某个因素可能是最重要的，选择最优的内容或主题来引发期待的反应也是个挑战，而研究能帮助你面对这个挑战。

这并不是在贬低本书所讨论的神经设计原则，而是说优化设计的最佳方式是在使用这些原则的同时对设计作品进行测试。正如第 1 章提到的，神经设计，包括神经设计测试，能够为设计师的直觉锦上添花，而不是完全替代它。因此，最终的作品是这样的：设计师的创造性想法＋神经设计原则＋测试。

当然，对于大多数设计工作来说，人们并不总是有足够的时间或金钱对它们进行测试。即使如此，还是有一些合理的、较为便宜快捷的方式去进行测试。甚至并不需要等到设计完工后再开始测试，在整个设计过程中都可以进行测试。

测试设计作品与测试新药相似。某种药物理论上可能会起作用——药物研发背后的生化机理可能在理论上完全可行，而且药物在小部分人中测试时可能确实有作用。然而，只有大规模的临床对照试验才能真正提供可信的答案。有一种可能是，虽然药品在小部分人身上的药效看起来不错，但是在大规模测试中可能会有出人意料的副作用。

神经测试的第一个原则就是，人们只能对其面前的事物做出反应。他们不能替你完成创造性的工作，并且告诉你他们理想中的设计应该是什么样的。控制对设计的反应的神经设计原则大部分都是无意识的，因此当它们出现在大脑里时，我们并不能感觉到并将其报告给研究者。同样地，消费者不是创造者，提出创新概念和设计布局并不是他们的工作。因此，通常来说，在测试中最好使用多个？设计方案。这能让你对比被试对实际设计的反应，而不是推测出哪个设计方案可能效果更好。

最好的测试方法可能是现实 A/B 测试。在这个测试中，两个不同的设计选项被应用到现实世界中（例如在网页上），将被试随机分组，使其看到其中一个设计。这个方法的主要优势是测试结果是真实的现实反应，而主要劣势就是，即使其中一种设计脱颖而出，你可能也无法确定它胜出的原因。你可以进行猜测，但是你并不能真正了解消费者的喜好。A/B 测试的另一个弱点是，它可能并不总是可行的。虽然网上测试可能比较便宜，但现实世界中如果使用印刷版本的设计，额外的生产成本和时间安排可能都会使测试难以推进。

平均 VS 极化结果

在分析测试结果时，最好同时关注其分布以及平均值。如果某个平均水平的反应稍微偏向积极的一侧，可能是因为大多数人对你的设计持有微弱的积极反应，或者有些人喜欢你的设计，有些人不喜欢。并不是每个设计都需要吸引大众市场的每一个人。你的设计最好能在少数人中引发强烈的积极反应，而不是让多数人觉得这个设计"还不错"。

控制其他因素

在所有科学研究中很重要的一点是，确保你知道实验结果是由什么因素导致的。这就意味着如果要测试不同网页设计方案引发的不同反应，就需要保证测试中改变的因素只有设计，否则你可能就不知道是不是其他因素导致了反应的不同。以下是一些你需要控制的主要因素。

测试人群

关键规则是确保在同一组人群中测试你想要比较的所有图片（或视频）。如果不能将图片展示给完全相同的人群，换句话说，如果需要多组人群，那就尽量确保这些组之间的差异不会导致测试结果不同。例如，在典型的市场调查测试中，研究者会使用筛查问卷决定可以参加测试的人群。这些问题可能包含潜在被试的人口学信息，以及他们目前是否购买了你的品牌／产品或使用你的网站。这些都是能够影响他们对设计反应的关键因素。确保你对任何组都使用同样的筛选问题。

设计内容

如果要测试两个不同网页的设计，但是网页的内容不同，最终你可能就不能确定到底是设计还是内容的差异导致人们的反应不同。类似地，如果你测试两种食物或饮品的包装设计，但是它们的口味并不相同，你可能就无法知道是口味还是设计导致了反应上的差异。尝试在不同设计中保持内容的一致性。

测试的方法

同样地，如果要对比不同测试的结果，但是测试方法不同，你可能就无法确定到底是设计还是测试方法导致了反应的差异。如果你想要比较不同测试的结果，就需要保证所有测试的程序相同。

背景的重要性

在现实世界中，我们会在特定的背景中对设计做出反应，或者是在浏览网页、杂志，在超市购物，又或者是在街道上看到广告牌。同样的设计可能会因为背景的不同而起到不同的作用。例如，市场上各种产品的包装设计往往需要打败其竞争产品的设计才能引起消费者的注意。

考虑测试的背景有以下三种方式：

- 测试开始时需要告知被试的信息；
- 每个被试看到的图片内容；
- 图片的呈现方式。

在测试开始需要告知被试的信息

在呈现设计之前告知被试的信息能够影响他们对设计的反应。通常来说，除了要求被试观看设计以外，最好不要提及其他内容。然而，如果设计有一些模棱两可，你可能就需要提供解释。例如，如果设计作品是创新产品或网站，你可能就需要先对它们做些解释。

每个被试看到的图片内容

如果你将一系列图像或视频展示给被试，他们不可避免地会进行比较。这首先意味着你需要将内容按照随机顺序呈现给被试，这样一来，图片呈现的顺序本身就不是导致整体结果的原因。这也意味着你需要考虑图像的混合可能会如何影响测试结果。例如，如果你有一批图像需要在两个或更多组被试中进行测试（因为将所有图片都呈现给同一组被试会有些多），那么你就需要认真考虑如何将图片分组。如果你要测试两种口味的食物的包装设计，那么你就需要尽可能地将相同口味的包装限制在同一组中，将其他口味放在另一组中测试。类似地，尽量避免图像的"格格不入"所产生的影响，即不要将一组很相似的图片与一张完全不同的图片混在一起进行测试。这张图片可能仅仅因为它与其他图片不同而引起不寻常的反应。

图片呈现方式

在测试中，设计可以单独呈现，也可以在背景中呈现。单独呈现设计，即被试只能看到设计本身，或者将设计放在简单的背景中。在背景中呈现设计就是将展示货架作为包装设计的背景（或将其放置在竞争者之间），或广告牌的海报设计被嵌入街道广告牌的照片中。将设计放在背景中可能是更好的测试方式。毕竟，设计在现实生活中的呈现方式就是如此。然而，这里的问题是，任何照片或背景再现的都是现实世界中某个具体的例子。例如，超市的货架可能不会完全相同。测试结果可能是由于两个包装刚好被并排放在一起而导致的，但是在很多超市中，这两个产品并不会被这样摆放。或者，如果你将海报设计嵌入街边广告牌的照片中，这个照片中的其他元素可能也会影响人们的反应。

其中一个解决办法就是提供有关背景的视觉线索，图像剪裁紧紧围绕着设计作品，使背景仅仅出现在图像的边缘。或者，也可以利用滤镜将背景的细节设计得更加模糊（比如灰度图像或模糊滤镜），这样人们就能够对背景有大概的印象，但是并不能清晰地看到其中的细节。

新的研究工具

针对不同的研究问题使用相应的工具，这一点很重要。如今，有一系列的神经研究服务可以帮助你测试图片。许多服务都是在线服务，因此比现实中将被试带到特别的地方进行测试要更迅速和便宜。有一些网站甚至有"自助服务"的选项，你可以订阅这些服务自己设计测试（通常在完成由服务网站提供的培训以后）。

以下是一些主要的测试方法。

在线眼动追踪

眼动追踪技术可以在人们观看屏幕或演示的时候将相机对准人的眼睛，以监控眼动并时刻记录人们的注视位置。这种技术已经出现了数十年，但是通常需要特殊的实验室设备，或者至少要带被试去某个装有相机的实验地点。近几年，家庭电脑的网络摄像头使得在线眼动追踪成为可能。在网络上进行眼动追踪更便宜，也更迅捷。相对于让被试坐在家里迅速地完成一个在线测试，要求被试前往特定地点并使用特殊的眼动追踪相机的花销更高。

在线眼动追踪的程序很简单。首先，在网上招募到被试以后，将测试链接发给他们。链接解释了被试需要有正常工作的网络摄像头，并且征求被试同意使用这个摄像头。接着，被试需要确保房间里有光，并且在观看屏幕时保证头部静止不动，仅仅移动眼睛。接着，被试还需要进行校对测试，帮助系统追踪眼睛在屏幕上的注视点。例如，可能会有一个移动的小点在屏幕的不同位置有规律地移动，而被试则需要让眼睛跟随小点一起移动。这个系统就可以将眼睛的不同运动（通过网络摄像头捕捉的视频）与点在屏幕上的位置进行匹配。最后，研究者想要测试的图像就会随机出现在屏幕上（来保证这组被试的反应并不是由图像呈现顺序导致的），通常来说，每张图片会呈现5~10秒。

典型的眼动追踪研究需要20~30个优质录像。优质录像意味被试的头部相对静止，光照条件较好，尤其是被试的面部要得到足够的光照。相比被试在家里使用自己的电脑进行测试，在实验室或受控的测试环境中控制这些因素更容易。这就意味着在线眼动追踪通常需要四五个被试才能得到一个质量较高的录像。即便如此，这种方法也比较便宜，因为在线招募被试比在现实中要求被试在特定地点进行研究更便宜。

眼动追踪的优势

眼动追踪是无创的：被试只需要坐在屏幕前，不需要身处特殊的或人工的环境中，也不需要连接任何传感器或特殊的仪器设备。

这种方法直观易懂。眼动追踪的结果显示人们在屏幕上的注视位置，而这能通过两种较直观的方式进行视觉化。

第一，注视轨迹图。这张图显示了一系列重叠的圆圈（或正方形／三角形），每个被注意了多次的图像元素上都会标有圆圈。通常来说，圆圈的大小代表这个元素得到注意的多少。接下来，将每一个圆圈进行标号并用线条或箭头将它们连接起来，就能表示这些区域被注意的顺序。这为我们提供了线索，帮助我们知道人们优先注视的区域。

第二，热图或相反的版本——雾图。这是在原图上进行颜色涂层，接收到信息的区域会被暖色覆盖。这种方法通常是这样的：得到中等程度注意的区域被黄色或橘色覆盖，而得到很多注意的区域则被红色覆盖。换句话说，颜色越暖，得到的注意越多。这类视觉化的弱点是，如果图像本身就有黄色、橙色或红色，就很难知道哪些颜色属于原图而哪些属于热图。这个问题被热图的相反版本——雾图解决了。在雾图上，得到最少注意的区域被一层朦胧的雾覆盖，而被注意的区域则保持清晰。这迅速且直观地显示了得到注意的图像区域。

眼动追踪适合解决的设计问题包括：

- 设计中的特定元素被注意到了吗？
- 人们首先注视哪里？
- 人们注视最多的位置是哪里？
- 人们观看设计时的注视模式是说明他们看起来有困惑吗？

内隐反应测量

内隐反应测量是一组电脑测试，能够测量图像与概念、想法或情感的联系。比如，要想测试几种可能的设计来研究哪一个对于引发特定反应最有效，内隐反应测量就是一个很好的方法。

内隐反应测量基于启动的概念。当人们看到某物以后，即使只是一瞬间，与这个事物有关的联想也容易进入大脑。换句话说，我们被启动以后能够更快辨认事物，并将事物更迅速地联系起来。

测试结构可以有所变化，但都是利用键盘或触屏测量人们的反应速度。实验要求被试进行简单的分类任务，在任务中，词语或图像在屏上依次闪现，而被试需要将它们正确分类。例如，词语在情感上可以是积极的或消极的，被试的任务是当词语带有积极情感色彩时点击某个键，而当词语带有消极情感色彩时点击另一个键。这就像一个非常简单的电子游戏。然而，在每个需要分类的词语或图像出现之前，都会先短暂地出现其他词语或图像。这叫作启动，因为呈现它们的目的就是要引发或启动联想。在以上的例子中，如果一张景色优美的沙滩图片出现在积极词语之前，沙滩所引发的积极联想就很可能会使被试更快地将图片之后出现的积极词语归类为积极的，但是会使被试对消极词语的分类变慢，因为在他们的大脑中，有一瞬间会出现概念的冲突。相反，如果积极词语之前出现的是有消极意义的图片，比如墓地的图片，就会降低被试对积极词语的分类速度并且加速对消极词语的分类速度。接下来就要对每组词语／图片的相对反应速度进行分析，以得知哪些与人们的思维联系更紧密。

对反应的间接测量是内隐反应测试的一个重要特点。测试并不会直接询问："你认为这张图片在多大程度上与积极情感联系紧密？"此外，测试并没有要求被试直接将图片进行分类，而在传统的问卷调查中，这样的做法很常见。相反，这个分类任务有对错之分。如果被试给出的答案是错误的，系统可以要求被试再尝试一下。这就意味着，测试强迫被试集中注意力完成任务，而不能通过重复点击同样的按键或给出相同答案作弊。然而在标准的在线调查中，被试很可能通过这种方式作弊。

这种测试的缺陷就是无法获取即时信息，比如观看视频或浏览网站。你得到的是整体的经历。

内隐反应测验适合解决以下设计问题：

- 设计是否引发了需要的情绪？
- 对设计的直觉反应是积极的还是消极的？
- 人们对于图像产生的联想是怎样的？

利用神经设计相关知识的设计师

本部位于伦敦的 Saddington Baynes 是一家创意产品公司，它就在图像创作中采用了神经设计研究和思考方法。

在为杂志或海报设计汽车广告时，该公司发现微小的细节对图像所传递的意义有巨大的影响。例如，改变光线、颜色、相机镜头或角度、背景位置或汽车方向都能够改变人们对汽车的感知。

我与同事汤姆·诺布尔（Thom Noble）一起帮助这家公司建立了常规性的神经测试技能，而它的设计师们已经将这些技巧融入了产品设计中。从研究到研发阶段，我们通过对不同的汽车图片进行系统性测试，帮助他们理解了这些设计上的变化。在每一套图片中，我们都系统性地改变一个细节（比如汽车颜色或者摄像角度），然后测量这些改变对图片在引发情绪和联想这两方面的影响（比如传递风格或兴奋感的能力）。根据他们希望每张图片达到的效果，这个过程提供了一系列假设，以指导他们设计图像。

这个系统在完善以后成了对设计师很实用的测试与学习工具，如果他们想要保证新设计的效果较好，或者测试哪个设计选项能够达到最优的宣传效果，就可以用这个系统加工这些图像（使用神经研究方法——内隐反应测试，对几百人进行在线测试）。

FAC

不论出生在哪里，所有人生来都有六种与情绪有关的面部表情，即快乐、惊讶、忧伤、恐惧、厌恶和愤怒。跨文化研究证明，这些情绪是固有的，甚至在没有接触到像电视这种媒体的文化中（人们可以通过各种媒体学习如何将表情与情绪进行联系）。我们还知道至少某些面部表情是固有的，而不是通过观察学习获得的——因为盲人也可以做出这些表情。

FAC 能够即时识别任何情绪的表情，通过加工面孔的相机脚本并且分析控制不同情绪的肌肉运动。

FAC 的一个弱点是它仅限于普遍情绪。许多图像和视频都试图引发不同的情绪。即使如此，如果你有一张图像或视频需要引发某种情绪，尤其是如果图片引发的情绪足够强以至于产生面部反应，FAC 也可以是一个很好的测量方式。它尤其适用于测量观看视频的反应。

正如在线眼动追踪，面部动作编码现在也能通过网络进行，用户可以使用自己的电脑摄像头——类似的，因为不需要使用实验室或研究设备而降低了测试成本。

FAC 适合解决以下设计问题包括：

- 你的视频广告有没有使人们微笑？
- 视频中令人惊讶的时刻是否真正令观众感到惊讶？
- 恐怖电影的预告片是否能引发观众的恐惧感？

EEG/fMRI

脑电图（EEG）和功能性核磁共振成像（fMRI）更复杂。直接测量大脑活动需要专家团队和昂贵的技术。使用 fMRI 时，人躺在机器的空腔里，同时机器扫描大脑内部的血液流动情况，用来测量"活跃的"脑区。使用这些数据，分析人员可以推测出人们对图像和视频的反应。许多神经美学的主要发现都是利用 fMRI 得到的。

EEG 将一系列传感器放在人的头部（有时传感器上会带有水基凝胶，这些传感器通常被放在一个帽子上），用来测量人们头顶部（大脑皮层）发射的电活动。EEG 可以被用于测量一些反应类型，例如：

- 注意：EEG 尤其擅长测量人们对当前刺激的注意程度。人们的眼睛可能在看图像或视频，但是他们真的在积极加工这些信息吗？EEG 能够回答这个问题。
- 认知负荷：与注意相似，认知负荷能够测量大脑解码视觉信息的工作强度。
- 情绪动机：人们在情绪上被视觉刺激吸引还是感到厌恶呢？EEG 能够通过测量左右半球的前额叶的不同活动来解决这个问题。

EEG 的另一种版本是 SST，或称静息图，它是标准 EEG 的改良版。人们佩戴一顶带有 EEG 传感器的帽子，帽子上有微弱闪烁的灯。随着大脑对光做出反应——有点像人们跟着某个曲调哼唱，这些光能够在人脑中引发特定的、可预测的频率。接着，当人脑的不同区域因为视觉刺激变得活跃或更忙碌了，这个同步的频率就开始偏离之前的模式（就像人的哼唱变慢或因为关注某件事情而停下来）。

fMRI 和 EEG 都是昂贵的技术，因此适用于那些拥有大量研究资金的项目。一些研究技术还可以一起使用。例如，在利用 FAC 测量面部反应时，还可以同时进行眼动追踪，或者用 EEG 测量脑活动。

EEG、SST 和 fMRI 适合解决以下设计问题包括：

- 被试注意最多的是视频的哪个部分？
- 视频如何能够被重新编辑或改善？

- 你的视频能够引发的情绪参与度有多高?

跟进研究发现

学术性的心理学和神经科学论文可能晦涩难懂。这些文章通常都会使用只有圈内人士能够理解的"术语",并且充满了复杂的统计数据。然而,如果你有足够的动力去仔细阅读,即使没有接受过专门的文献阅读训练,也是可以理解这些文章的。以下是一些建议。

理解神经科学论文的结构很有帮助,因为大多数论文都使用相似的结构。如果你知道这个结构中的主要部分,就可以更容易地理解论文。

- 摘要。大多数论文都会以摘要开始。这是(通常仅仅包括一到两段)在论文开始的总结,涵盖了主要的研究问题、研究过程、研究发现和研究结论。阅读完摘要,你通常可以判断这篇论文是否与你要寻找的内容相关。

- 关键词。紧随摘要的通常是论文的关键词。它们就像描述性标签,定义论文的主题。关键词很有用,因为它们通常包括特定主题中研究者使用的科学术语。如果你想寻找特定的设计领域,就需要知道它的专业术语。你可能会使用与它们不同的术语。例如,你可能想要寻找视觉上引人瞩目的相关研究。如果你不知道神经科学家使用的术语"视觉显著性",你可能就无法找到相关主题的优秀论文。

- 介绍。接下来是介绍部分。这部分描述了这个主题最新的研究进展、前人研究的发现以及为什么论文作者会选择这个研究问题。如果你想对某个主题的研究有大体的了解,这个部分会很有用,虽然与旧文章相比,较新的文章可以提供最新的概览。

- 方法或步骤。然后是有关研究过程的部分。这部分通常包括研究被试、研究材料以及实际研究过程。通常来说,这是整篇文章中最具技术性的部分(尤其是如果这部分讨论了用来理解数据的统计方法）。

论文包含这个部分有两个主要原因：第一，如果其他人想要研究某个结果是否可以被复制，就可以根据这个部分开展研究（理论上这是个好想法，但是实际上几乎很少有人这样做）；第二，理论上，你获得了所有信息，以确保研究者的测试过程是公平的，并且研究结论是合理的。

● 结论。最后的部分是作者得出的结论，排在摘要和介绍部分之后。这部分通常是整个论文最有用的部分。要快速了解一篇论文，我建议你首先阅读摘要和结论，接着是介绍部分。

一类尤其有用和含有丰富信息的论文就是综述类论文。这类论文是对很多相同主题的实验的总结，总结了前人在某个问题上的研究发现。之所以说它们很有用，是因为一篇研究论文得到的结论并不总是能被其他研究者复制。可能测试的某些细节设计导致研究者得出了某个研究结果。用不同的方法进行测试会得到不同的结论，这被称为研究发现的可复制性或可重复性。

论文的一个有用的特点是对其他相关论文的引用。换句话说，可以通过它们发现更多的研究。

已发表研究的缺陷

已发表的研究并不总是完美无缺的，它们可能会有逻辑错误，实验可能没有控制其他可能影响研究结果的因素，或者可能夸大其词了。审核文章的过程需要过滤掉可能存在的问题，但是审核过程并不完美。此外，大多数研究并没有经过测试或被复制。研究过程可能很需要消耗大量时间和金钱，而且如果某个研究结果被另一个研究团队证实了，我们会更确信这个研究发现。即使如此，如果你认真思考这些可能的缺陷，那么已发表的文章仍然是很重要的参考。

值得一提的是，还有很多商业方面的神经设计研究从未在学术期刊上发表过。为了实际应用，如今很多有关设计的研究都是由商业公司牵头进行的，它们通常没有时间或意愿将研究结果发表在期刊上。

前瞻性结论 VS 描述性结论

前瞻性和描述性的研究结果有所不同。有时候，研究会发现两个变量之间存在某种关系，即特定的设计类型在观众中引发了特定的反应，但并不能解释背后的原因。这些发现描述了特定的反应，这就是描述性研究。

实际研究结果最好能够证实理论预测，换句话说，研究者最好能够讲述研究中发生了什么以及背后的原因。这类研究让我们能够更自信地相信，利用相同的设计技巧就可以得到预测的结果，这就是前瞻性研究。

最强的研究结果都会有理论支持，同时也能被成功复制：不止一个研究得到了相似的结论。通过比较这两个因素，我们就可以了解评价某个神经设计的首要原则（见图11–1所示）。

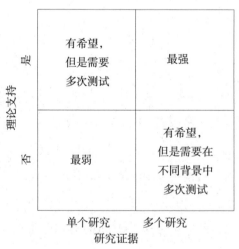

图 11–1　将理论与实验证据结合

大多数神经设计结果是趋势，而不是绝对的结论

人类并不是机器，可以通过按动按钮得到可预测的反应。大多数有关人类对视觉刺激反应的心理学和神经科学的研究得到的是趋势，而不是绝对的结果。换句话说，一个研究可能发现大多数人都以某种方式做出反应，或者相比设计 B，更多人以特定方式对设计 A 做出反应。并不是每个人的反应都一样。使用大部分设计技巧，我们所期待的最好结果就是大多数人能够做出积极的反应。

利用神经设计技巧的好处是改善设计或提升获得预期效果的可能性，但是并不能保证每个观众都喜欢它。

据说，这个测试导致广告收入增加了 2 亿美元。然而，谷歌的覆盖范围之广（在上百万用户中进行 A/B 测试的能力）可能对一些设计师来说有些极端。例如，谷歌视觉设计的前领导人道格拉斯·鲍曼（Douglas Bowman）放弃了他的职位，因为测试设计细节的过程让他感到疲倦。之后，他写道："我最近跟人有过一次辩论，是有关边缘宽度应该是三四个还是五个像素的，并且要为我的选择提供证据。我无法在这样的环境中工作。我对于辩论如此细微的设计决策感到厌烦。在这个世界上，还有很多更令人兴奋的设计问题等着解决。"

"测试只能为你提供有限的信息，"技术记者克里夫·光（Cliff Kuang）写道，"通常它揭露的只是人们偏好与已接触过的事物相似的事物。但是，优秀的设计随着时间推移能够改变人们，因为这些设计既微妙，又是具有开创性。"

测试有助于渐进式的改变，将已被定义的路进行清理，这样你走起来更容易。然而，它并不能告诉你这条路到底是不是正确的选择。参加测试的被试根据以往经验会对设计有先入为主的想法。相比激进的设计，与他们已知设计相似的设计测试具有先天优势。在测试中没有让被试适应激进想法的环节，因此一直存在的风险是测试结果总是支持已有的想法，而不是新的方法。虽然这看起来有些父权

主义，但有时设计师可能需要说："我已经替你完成了所有艰难的思考过程，并且发现了你可能会觉得奇怪的设计，但是相信我，长期来看，你会发现它比你想象的更优秀。"

本章小结

- 虽然询问人们对设计的看法可能很有用，但你需要注意这种技巧的局限性以及它可能怎样误导你。

- A/B 测试是一种强大且相对来说并不昂贵的研究技巧。它可以应用于网站、测试行为（例如，人们是否会点击链接并注册，以获取更多的产品信息）。

- 中高预算的研究项目如今有了一系列新的神经科学研究技巧。

- 眼动追踪可以显示人们的注视位置、注视的设计元素（和没有注意的元素）、注视顺序和注视时间。然而，它并不会测量人们对设计的想法和感受。

- FAC 能够测量六种普遍的面部情绪，尤其是随着时间改变的情绪，比如视频或网站浏览经历。

- 隐性反应测试能够测量设计引发的联想。与视频相比，它更适合于静止图像。

- EEG ／ SST 和 fMRI 测试更昂贵，它们可以通过检测大脑来测量注意程度。

神经设计的未来应用

注：神经设计的原则未来可能被应用于许多领域，比如教育、影视、建筑、游戏以及时尚等领域。

由赫尔曼·赫西（Hermann Hesse）撰写的《玻璃珠游戏》(*The Glass Bead Game*)一书以 25 世纪为故事背景，以引人入胜的方式描述了将艺术和科学融合起来的未来社会。这部小说与一个比下棋更复杂的游戏有关，因此游戏玩家可以同时使用艺术和科学知识。生物学家爱德华·O. 威尔逊（EO Wilson）描述了相似的概念，并称之为"契合"，定义是将人文与科学统一。这两个领域通常被划分为不同的研究和活动领域。然而，艺术家和设计师都会经常使用其他领域的知识，比如数学、工程或计算机科学知识。神经设计所提供的远景至少部分地将艺术和设计与心理和神经科学进行了组合。

使用神经设计原则能够提升产品和服务调动情感、吸引注意的能力及其可记忆性。正如本书中讲到的，神经科学实验室已经得到了许多有关如何创造有效图像的结论，而且这类知识在未来可能会继续丰富。这一章会描述为什么我认为神经设计在未来的应用会更加广泛，包括新技术如何能够应用在不同的领域。

通过使用神经设计，组织能够创造更加有效的沟通媒介。神经设计可以创造出与人们更好地进行沟通的图像，也能帮助组织认识到设计在沟通中的作用，提高设计在组织中的重要性。在许多组织中，最终决策者一般都是财务部门，而它们一直以来都采用理性模型来理解消费者行为，例如，第 1 章提到的 AIDA 模型相似。它们可能认同设计在最终的成功中有一定的作用，但是因为直到现在，设计具体的作用都很难被量化，所以与能够利用电子表格追踪记录的商业活动相比，设计的权威性降低，得到的尊重也越来越少。将设计的影响量化能够让决策者认识到设计的重要性。

公司需要丢弃这个过时的假设，即消费者是完全理性的。那些更擅长理解启动效应、视觉显著性、第一印象或者行为经济学助推的公司，可能会胜过那些还在利用系统 2 的理性模型的公司。前者的沟通方式与消费者实际上接受和对信息做出反应的行为更接近。直到现在，我们在尝试测试图像时都还不得不依靠人们的态度。现在，我们有了一整套工具，可以帮助我们捕捉更直观、直觉的反应。

然而，虽然神经设计有希望使理性的商业变得更人性化，但设计过程本身会不会有被去人性化和过度理性化的危险呢？优秀的设计能够在情感上触动我们，并且直接与我们非理性、无意识的思维进行对话。这并不是完全系统性的过程。有时，解决设计问题可能需要打破某些规则。有时，遵守规则并不能带给你想要的结果。同样地，人们的偏好会随着时间、潮流和当前的风格而变化。如果将设计简化为一些规则或者创造出设计的电脑程序，人性和心灵这两个元素是不是在设计过程中就不复存在了呢？

死板地遵守神经设计原则可能会让我们产生以上的顾虑。然而，我相信这个问题不需要担心，原因如下。

第一，正如在本书最初提到的，神经设计最好被用来当作改善设计师直觉和技巧的工具。设计教育已经将不同规则和技巧传授给了设计师，而神经设计只是丰富了这些规则。不像艺术，设计通常只有一个目标。它需要创造可用的物品，或者在观众中制造某种效果。神经设计之所以能帮助设计师，仅仅因为它提供了更多可行的方法去实现最终目标或解决某个设计方面的挑战。

人类设计师自己的创造力和直觉依旧是优秀设计的来源。神经设计充其量只能帮助你微调和整改设计，而不是从最开始就告诉你应该如何进行设计。神经设计能够指出实现某个目标需要的内容，例如，某种图片主题类型更可能疯狂流行。通常来说，神经设计更多的是建议你如何调整已有的图片，而不是应该怎样创造图片。某种意义上说，神经设计依赖于设计师；没有设计师就不会有任何图像需要进行测试。这样一来，设计师自己就会变成研究过程的一部分，他们会不断尝试新风格，以观察人们的反应方式。

第二，设计的某些方面可能会被自动化，这可能是不可避免的。随着橱窗和网页越来越多地需要新设计，并被迅速地重新配置以满足不同的要求（比如为用户制作个性化网页外观），每一次都要求创造出崭新的设计有些不切实际，因为我们没有足够的时间和财务资源来完成这件事。相反，我们可以将此类设计作为神经设计激发的模板。例如，设计模板在网页设计中被广泛使用。电脑软件可能会利用人类创造的、已经存在的设计元素，无论是手绘图像还是照片，并将这些元素以新颖的方式混合杂糅后来达到某种效果。例如，旧金山网络公司 The Grid 提供创建网页的人工智能软件。只要你告诉系统你想要的网页基本风格（例如专业化或非正式）以及对网页要求的优先顺序（例如，注册人数较多、媒体播放或销售较多），这个软件就可以自动设计并为你创建一个网站。此外，智能手机应用能够在拍照以后将照片赋予不同的绘图模式，比如使它看起来像手绘图像。这仅仅是关于某些设计元素如何被自动化的两个例子。

产业如何开始接受神经设计

与我一起发展和倡导神经设计研究的长期伙伴汤姆·诺贝尔（Thom Noble）是市场与营销产业研究的一员老将。他见证了神经设计，而非传统市场研究结果正在被创造者们满腔热情地采用：

> 创意团队与传统市场营销研究向来不合，后者被前者视作不受欢迎的障碍和困难，阉割并破坏了它们的工作。在创造团队眼中，市场营销研究在任何情况下几乎都没有任何可信度和效度。还会有其他可能吗？毕竟，传统研究测量的是逻辑的／理性的反应，不是创造者们试图激发的无意识的思维和感觉。

> 来自科学方法的结论能够帮助我们更好地理解具有创造性的原因——结果的触发机制，由此帮助发展创意团队中我所说的"改善的直觉"——更佳敏锐的感觉，有关如何在目标观众中激发所需的反应模式。我认为，这种方式的科学并没有限制创造性，而是在解放它！

然而，除了以上顾虑之外，另外一个顾虑是滥用这些技巧所带来的伦理问题。随着我们对人类心理了解得越来越多，我们开始更激烈地争夺消费者的注意，许多设计师已经发现了如何增强说服力和创造成瘾体验。例如，智能手机的研发者使用游戏心理学将成瘾最大化。图形颜色、游戏中的物理学与动作、得分以及每一级别的难度都经过测试和微调，以让这些经历尽可能地令人愉悦、成瘾并且令人着迷。增强设计的愉悦感使用户更为享受，但如果太过度会不会在某种情景下违反伦理呢？比如，在发达国家中，以儿童为目标群体的高糖产品的宣传与包装所引起的顾虑与日俱增。同样地，正如之前提到的，有些国家强迫烟草公司删除烟草包装中的设计，因为设计会让这些产品更加诱人。

　　我认为，这些顾虑并不仅仅限于神经设计，它们在广告宣传和商业活动中已经普遍存在。在过去几个世纪中，设计师一直在寻找说服消费者的方法，神经设计可能会极大地提高效率，但也仅仅是对已有设计的改善。

神经设计的应用

　　设计在生活中无处不在。除了网页设计、广告宣传和产品包装以外，还有其他设计领域可能会受到神经设计知识和研究的影响。以下是详细描述。

神经教育设计

　　神经设计研究可以提供指导，使信息易于记忆并且令人着迷。正如信息图能有效地用易理解的图形传递复杂信息，在利用设计和图像作为教育和学习工具这个方面还有很大的发展空间。例如，科学和刻板的概念是图形教学的主要内容，比如生物细胞的内部活动或者发动机的机械工作都受益于剖面图或动画。这类插图已经存在，但是神经设计知识可以通过创造吸引人的、引人深思并且令人记忆深刻的图像，进而改善教育的更多领域。

神经影院

在影院上映的电影可以在观众中进行测试，观众的反馈可以用于预测电影的成功度，制片方通常会根据这些反馈重新编辑或重新拍摄镜头序列，然后选择其中一些序列放到预告片中。神经设计研究能够使这个过程更高效。通过使用研究工具跟踪观众对电影的即时反应，研究者能够了解哪些视觉刺激最可能引发不同的情绪，尤其是哪些图像最可能让人们想要观看这部影片。因此，最好将这些图像放在预告片中。即使是在影片策划的最初阶段，考虑到影片的情绪和主题，神经设计研究也可以被用于测试哪些演员的形象更可能在观众中引发共鸣。

电脑算法在电影特效领域掀起了一场革命。如今的电影艺术家将电脑仅仅作为另一个工具，帮助他们创造更真实的人物和环境。神经设计能够帮助解决一个问题，即如何使人造的电影图像看起来更加真实。例如，在拍摄《霍比特人》（The Hobbit）时，导演彼得·杰克逊（Peter Jackson）计划使用电脑生成的金币来拍摄巨龙史矛革（Smaug）的金币堆砌成的山中巢穴。电脑模拟了上百万枚金币堆砌的图像，物理因素也被精确地应用到算法编写中（如金币的大小、重量和形状应该如何影响它们的运动）。然而，当彼得·杰克逊以专业导演的眼光审视电脑合成金币的移动片段时却感到很不自然，团队里的艺术家们并不理解为什么金币的运动看起来不是很合理。最后，他们放弃了电脑合成的图像，而不得不利用成千上万枚真正的金币来进行拍摄。如果电脑生成的图像理论上看起来应该真实，但是实际并非如此的话，一定有什么地方不太对劲。可能是没有适当捕捉物理方面的信息。解决办法可能是去更好地理解那些能够告知我们事物看起来是否真实的视觉线索。

神经建筑

人造环境的设计方式能够影响我们的思维和情感。例如，大教堂效应是指人们在屋顶较高的房间里会感到更有创造力。神经设计能够帮助建筑和其内部更加美观，也有助于设计出让人处在合适的精神状态的建筑。例如，工作场所能否被设计成（利用类似于大教堂效应的技巧）能使员工更有效率、更具有创造性、更享受他们的工作时间的场所呢？医院能否被设计成对患者更加友好和令人放松的场所呢？儿童病房和用于儿童的医疗器械能否被设计得更友好而不那么令人害怕呢？

有医院用彩色的图案来装饰 fMRI 扫描仪（有时这个扫描仪看起来有点吓人），这既可以使这些机器对患者来说不那么可怕了，还可以使躺在里面的过程变得更加有趣。

神经时尚

因为时尚通常会利用当前流行的风格和社会趋势，相对于其他领域来说，这种可变性使得神经设计较难应用于这个领域。然而，新颖和美观可能对时尚设计很重要，而神经设计在这个方面能提供一些指导。同样地，为员工设计统一服装的公司和组织可以利用神经设计研究来传递企业精神，例如，哪些颜色和服饰风格能够传递出专业、友好、权威或信赖的意义。个体可能会使用神经设计知识为工作面试挑选出最适合的服装，或者为约会网站的照片挑选让自己看起来最迷人的衣服。

神经电子游戏

如今的电子游戏产业比电影产业还要强大。随着电脑的运行速度变得更快，图像更加真实，游戏有潜力让玩家体会到前所未有的身临其境之感。游戏需要在情感上有代入感才能创造出有趣的经历。和神经电影相似，研究电子游戏能够帮助发现游戏中引发最强烈的情感反应的元素。大多数复杂的游戏都试图引发激动或恐惧的情绪，但它们也有潜力创造出其他情感，比如同理心、惊讶、敬畏或愉悦等。将电子游戏图像制作得更逼真，或者挑选做好的图像用到游戏广告中，也是神经设计知识和研究能够有所作为的领域。

面向消费者的神经设计应用

编辑照片和为照片添加滤镜的智能手机应用如今正在被上百万热情的业余摄影师使用。社交媒体的兴起、短信应用和个人网页不仅驱动了人们拍摄照片的兴趣，而且使人们想要让照片令人印象深刻或者让别人转发。在不远的未来，可能会有消费者应用利用神经设计原则改善、编辑或过滤图像，来增加图像被赞和被转发的次数。

专业摄影师拍照时会有很多直觉，比如关于照片的结构和组成、关于亮度的设置，以及在众多镜头中应该选择哪一个展示给观众。其中某些能够被软件捕捉并且让业余摄影师也能使用。

新一代的现实零售模拟

3D 视觉模拟已经存在了数年，它最早由资金充裕并且需要这种技术的产业（比如航空产业）研发，最近我们也看到了它在电影和电子游戏中的进展。

总部在英国的 Paravizion 公司主要负责将这类模拟技术介绍给产品包装设计师。它们的软件不仅能够快速、便捷地进行 3D 模拟，最重要的是设计师可以将软件应用于现实购物场景（比如超市货架展示），以观察该场景在竞争者之间看起来如何。它们的团队能够在商店中进行 3D 视觉扫描，创造出一个将包装设计插入其中的模型。

如果设计师想要研究颜色、材质或光照变化产生的影响，系统就可以快速地在现实世界模拟不同的选项，展示产品的外貌。以上所有都能够在模拟的商店环境中看到，设计师还可以测试变量发生改变后的相对作用。

新屏幕和格式

电子屏幕的泛滥是未来神经设计的重要驱动力。随着屏幕成本变得越来越便宜，新形状和大小的屏幕数目都在增加——小到从电子产品的屏幕到智能手表的屏幕，大到巨大的令人身临其境的 IMAX 屏幕。在这两个极端之间，很快就会有其他新的屏幕大小和形式。

就像智能手机要求用户学习并使用新的交互和美学，新的屏幕媒体也不容置疑地会发展出自己的设计语言。

我们观看电视、电脑和移动设备屏幕的方式不同，与其互动的方式也不同，类似地，新的设备将会有自己的特点和需要，这就需要通过设计来让它们更容易使用，让产品的格式排版最吸引用户。例如，智能手表的小屏幕需要设计师不断思考如何显示信息。怎样为如此之小的屏幕提出最优的设计呢？什么样的设计在这个大小的屏幕上最合适呢？每一种新媒体都需要新设计，不论是从观看还是互动的角度。

价格低廉、类似于纸的屏幕

另一种即将在生活中更广泛应用的屏幕就是"电子纸"。到目前为止，屏幕和纸张是两种分开的媒介，而电子纸更像是两者的结合。有了电子纸张，将纸质书和电子书两者优势结合起来的书本将成为可能。正如第 8 章讲到的，与在纸张上阅读相比，在屏幕上阅读更不利于信息加工。然而，电子纸能够解决这个问题，同时保持屏幕的多元优势（能改变图像并且使用动画）。

就像哈利·波特故事中的魔法书一样，未来的书将会有纸质书的感觉，但是书页上将会有移动的图像。正如科技作家凯文·凯利（Kevin Kelly）所描述的："电子纸能够被制造成价格不贵的单页，与纸张一样薄、精巧并且便宜。一百张左右的单页可以被装订成册，添加书脊后再用两张帅气的封面包装起来。这样的电子书看起来虽然很像陈旧厚重的纸质书籍，但它可以改变自己的内容。"

如今的设计都被印在纸张或卡片上，是固定且静止的，而它们其实可以更多变。例如，想象一下，超市的产品包装的表面是一层薄薄的屏幕。这样，包装上的设计就可以在一天之内不断变化，例如根据顾客不同的需求或者户外天气调整（例如，在阳光明媚的周末，户外烧烤或野餐的食物或饮料就应该被放在货架上出售）。

虚拟现实和增强现实

虚拟现实的头戴设备上的屏幕靠近眼睛，因而可以使用户完全浸入 3D 世界中，与实际存在的现实环境脱离。增强现实的头戴设备是能透视的，因此设备展示的图形可以叠加在用户所在现实房间的视野之上。这个设备有点像战斗机飞行员一直以来使用的平视显示器。如今，这两种技术都倾向于从研究实验室转向消费产品，因此可能在未来会变成流行的新型屏幕。

虚拟现实需要使屏幕上的模拟世界看起来很真实，即使用户的身体在另一个完全不同的环境中。许多用户会经历晕动症，因为头部得到的身体反馈与眼睛的视觉反馈不同。一个能够解决这个问题的视觉技巧就是在屏幕中心放置一个假的鼻子，就像你的鼻子一直在你的视野中（虽然我们有意忽视了这一点）。通过添加这个元素，当人们移动头部的时候，视野底部的鼻子也会跟着一起移动，这会使整个体验更加自然真实。另一个虚拟现实的问题是，一个人可能想要在模拟现实中走出更远的距离，但现实的房间却不允许他们这样做。用户并不想在看起来开阔的模拟视野中一头撞到现实世界的墙上！解决这个问题的办法包括使用一些聪明的诡计来欺骗我们的视觉系统。每次人们在现实世界的房间中转身的时候，虚拟世界旋转的角度要小。这并不能立刻被用户注意到，但是它能使用户觉得他们在虚拟世界移动了很长的距离，但是在现实世界里，用户其实是在绕圈子，而不会撞到墙上。毫无疑问，许多像这样的视觉诡计都是设计者在创造虚拟现实的过程中研发的。

增强现实有潜能将电脑生成的图像与情景整合到日常生活中。在现实世界中，我们已经有了很多实体的显示屏（从电脑到手机到海报和广告版），但是增强现实会显著增加这些屏幕的多样性。在不远的未来，通过使用一副 AR 眼镜，信息和图像就可以一直漂浮并且覆盖在你周围的世界上。你一边沿着街道行走，一边能看到即时信息，比如短消息和邮件消息；天气预报和日历事项会在合适的时间根据你的显示设置出现在你的视野中；当你走过商店时，眼镜会通过图形广告的方式将个性化的建议、提议和推荐显示在墙壁或商店的橱窗上。

在增强现实中寻找显示信息的最优方式需要很多研究和对视觉心理学以及神经科学的理解。如何将信息整合到日常生活中，而不使人感到过分疲倦或撞到物体呢？如何在增强现实的显示中描绘复杂信息？

总之，这些新兴科技意味着屏幕将在我们的生活中无处不在，增加我们接触各类设计图像的机会。随着传递信息的屏幕到处泛滥，注意分配就变得愈发具有挑战性。网页数量、文章、视频和图像的数量也呈指数级增长，然而我们的注意广度和注意时间是有限的资源。不论在工作还是在休闲时间，我们都很可能需要面对增加的信息流。

在这里，神经设计也可以起到作用。我们知道，图像能够使复杂信息易于理解，并且被快速消化。我们也知道这类图像倾向于更加成功也更受人欢迎（让信息比预期中更易于理解）。因此，一个很明显的目标就是设计师需要研发出更好的方式，来利用图像简化信息。创造优秀图像背后的技巧可能会越发受到重视。

以广告为例。目前的广告花销有点像在黑暗中扣动扳机，不确定这一发子弹是否能击中目标。如今，广告产业最广为人知的哀叹是：它们知道一半的广告费都被浪费了，却不知道究竟是哪一半。随着追踪个人看到的广告、图像以及实际购买行为（包括在线和实体店）的能力不断提高，我们能够进一步理解图像是如何引导购买行为的。例如，到目前为止，我们并不清楚消费者需要观看品牌或产品图像多少次才能回忆起或认出它，或者像背景、环境或时间之类的因素如何影响这些。看到某些图像比如广告或产品设计达到一定次数以后，观众可能会感到对图像很熟悉，以至于图像对他们来说不再有吸引力，而变得有些枯燥乏味。而这个阈值能够被跟踪和测量。当达到这个阈值时，我们就可以简化或改变图像，使其看起来更有趣。

更多有关寻找模式的数据

追踪人们观看图像和在线反应能力的提升能够为设计研究者提供很多新数据。

理解这一点，并且寻找有意义的模式（即哪类图像会创造哪种反应）将成为挑战。大型数据库本身并不能自动产生有用的信息。如果数据库足够大，原因和影响之间的相关性可能是纯粹随机的。换句话说，如果你花费足够长的时间寻找模式，你最终会发现一些完全随机的模式。正如英国奥美集团（Ogilvy）的副主席罗里·萨瑟兰（Rory Sutherland）所说："你拥有的数据越多，其中蕴含的金子就越多……但代价就是可能有更多的金子是假的：假性相关、混淆变量等。与仅仅利用五条信息相比，在 50 条信息中精心选择其中一些来构建不准确却合理的解释更容易。"

这就是为什么合理的对照实验和研究假设依然很重要。否则，你可能会欺骗自己，而相信眼前的海市蜃楼是实际存在的模式。

然而，理论知识可以与大型数据库合作。如果网络数据得到的模式在理论上也说得通，接着在未来的测试中得到证实，这就可以是一种有价值的研究方法。

计算机视觉

使用软件理解相机的视觉信息成为一个迅速发展的研究领域。电脑或计算机视觉有很多应用。例如，自动驾驶汽车需要很复杂的视觉认知软件。从照片、视频和相机中识别面孔的应用有很多，特别值得一提的是许多安全设备被用来在人群中寻找面孔。情感计算（affective computing）是一个相关的领域，旨在通过面孔识别人类情绪。情感计算能够通过识别和追踪我们的情感，帮助我们的电脑和日常工具更好地理解我们。与 FAC 相似，这个领域的研究也可以被应用到神经设计研究中，有潜力将目前的面部动作编程测量延伸到新的情绪，而不只是六种普遍存在的面部表情。

同样地，随着网络上的图片数量的增长，软件需要更好的识别、追踪、搜索、编排和组织图像。目前，谷歌相册服务能够分析用户上传的图像，识别并标出物体，比如风景或建筑，甚至可以识别出照片中发生的事件，比如是生日聚会还是音乐会。这种软件甚至可以利用背景或地标建筑识别照片拍摄地点（如果照片本身没有地点标签信息）。

网络有很多标记可以显示人们对图像的喜爱程度。Facebook 上的图片可以被赞，Pinterest 上的图像可以被转发，Twitter 上的图像可以得到爱心，Instragram 上的图像可以被点赞。有关照片的受喜爱度和流行度的信息逐渐成了研究者们的免费资源。再加上用来分析图像的计算机视觉工具，我们有可能获得对图像反应机制前所未有的深刻理解。

越发擅长解码摄像信息的软件能够为神经设计提供附加应用。解码图像的软件和照片可能会变成神经设计强大的研究工具。我们可以利用软件分析巨大的图像数据库，这可能需要人类研究者花费上千万个小时浏览图片，并且根据不同视觉特征进行编码。现在，这些几乎都可以自动完成。

神经设计依然需要继续研究

目前，神经设计依然是个年轻的领域，仍然有很多需要继续研究，尤其是以下四个领域需要更多的研究。

长时效应

大多数测试都是一次完成的。人们观看设计或图像，并做出相应的反应。然而，随时间推移而变化的反应，我们却知之甚少。例如，在几周或几个月内重复看到一个图像会产生怎样的影响？随着时间的推移，人们的反应会存在一定的变化模式吗？人们回忆或辨认各种图像类型的能力如何随时间变化呢，以及见到图像的次数又会如何影响这个过程呢？这些问题都需要进一步研究。

理解个人品位

本书中的大多数想法和建议都是面向大众的。这些神经设计的作用可以在无意识或在半无意识水平起作用。至于在对图像的低级特征的加工，即在加工对比度水平、对称性这样的基本特征，或者识别面孔的情绪等方面，我们的大脑更相似，而非不同。

然而，我们知道人们的品位差异可能很大。个人经历、成长的文化背景、过去所见过的图像、我们的性格都会叠加在个人品位原始的反应层面之上。例如，特定文化的引用只能被在那个特定文化中长大的人群或者特定年龄组的人群识别。

加深对个人图像品位的理解能够帮助创造个性化的体验。例如，某人频繁访问的网站可以提供足够的信息来了解他／她的品位，以此可以得知哪种图像更可能吸引这个用户。网络用户对于 Facebook 上向他们显示的广告内容已经很熟悉了

（即他们最近搜寻过的产品），这就可以被用于对广告和图像进行个性化加工。

品位中也可能有可泛化的、由人口学特征决定的模式。例如，我们可能知道国籍、性别、年龄和教育水平对视觉品位的影响。根据用户的所在地点，不同字体、颜色、对比度等可以被用在网页上相同图像的不同版本中。

互动作用

许多神经设计的发现都来自每次改变一个设计元素的测试中。然而，在现实中，可能是很多变量合作、混杂、互动使人们形成了对图像的反应。当不同影响产生互动时，有时某个影响可能会比另一个更重要，有时可能出现看起来相反的结果。我们只是对这个还不够了解。就像刚研发出的药物，某个特定的神经设计可能起作用，但它也可能会产生意料之外的副作用。

生态效度

生态效度是一个心理学的研究术语，指理论在预测现实行为时的精确程度。到目前为止，许多神经设计理论都来自实验室研究。人们在现实世界的行为方式有时可能与科学测试中的反应不同。即使研究并不是在实验室环境中进行的，我们知道，人们的反应也仍然具有背景依赖性。

新的研究工具，例如可携带设备，可能会使理解现实环境中的反应成为现实。在人们完成正常活动时，可携带设备，比如带有感受器的智能手表，可以被用于监测（得到用户许可后）他们对眼前所见的情绪反应。如果这个数据与视觉输入联系起来（例如，通过网络浏览记录的时间戳），就可能大规模地理解现实中人们对图像的反应。当然，虽然这在理论上是可行的，但实际上可能很难得到足够多的许可（比如因为隐私原因）。

心理学和神经科学已经发现，设计特征通过许多方式影响着我们的反应，未来还有很多可供探索的知识。商业设计机构利用有关神经科学和心理学的知识，使机构本身及其发现新设计、新技巧与新知识的能力脱颖而出。设计师一直都需要理解人类心理学。过去的设计师依靠直觉，然而，神经设计将使这一过程拥有固定体系，并且更加丰富。甚至会有那么一天，设计师将被描述为会绘画的心理学家。

北京阅想时代文化发展有限责任公司为中国人民大学出版社有限公司下属的商业新知事业部，致力于经管类优秀出版物（外版书为主）的策划及出版，主要涉及经济管理、金融、投资理财、心理学、成功励志、生活等出版领域，下设"阅想·商业""阅想·财富""阅想·新知""阅想·心理""阅想·生活"以及"阅想·人文"等多条产品线。致力于为国内商业人士提供涵盖先进、前沿的管理理念和思想的专业类图书和趋势类图书，同时也为满足商业人士的内心诉求，打造一系列提倡心理和生活健康的心理学图书和生活管理类图书。

《UI 设计心理学》

- 一本为 UI 设计师、营销人员、产品开发人员量身定制的设计心理学书。
- 揭示用户点击及消费行为背后的心理奥秘，吸引用户点击和关注。
- 提高交互界面说服力，成功将流量转化为网络红利。

《匠心设计 1：跟日本设计大师学设计思维》

- 企业需要用设计思维来指导生产经营，设计思维决定了企业的发展和未来。
- 本书汇集了数十位日本知名一线设计大师的经典设计案例，帮助企业领悟设计思维的精髓，将以人为本的设计思维融入企业的产品设计和日常经营中，并在竞争中脱颖而出。